W0358485

Deutsche Eisenbahnen

Lokomotiven, Züge und Bahnhöfe aus zwei Jahrhunderten

99 222

Michael Dörflinger

Deutsche Eisenbahnen

Lokomotiven, Züge und Bahnhöfe aus zwei Jahrhunderten

Bassermann

ISBN: 978-3-8094-2849-7

© 2011 by Bassermann Verlag, einem Unternehmen der Verlagsgruppe Random House GmbH,
81673 München

Die Verwertung der Texte und Bilder, auch auszugsweise, ist ohne die Zustimmung des Verlags urheberrechtswidrig und strafbar. Dies gilt auch für Vervielfältigungen, Übersetzungen, Mikroverfilmung und für die Verarbeitung mit elektronischen Systemen.

Projektleitung: Dr. Iris Hahner
Konzeption, Layout und Producing: JUNG MEDIENPARTNER GmbH, Limburg/Lahn
Beratung und Bildredaktion: Karl Kammerlander, Bad Camberg
Lektorat: Azurmedia, Augsburg
Umschlaggestaltung: JUNG MEDIENPARTNER GmbH, Limburg/Lahn
Umschlagfotos:
Vorderseite: oben links und oben Mitte Josef Jung; oben rechts Sebastian Terfloth, creative commons;
unten Dieter Schütz, Pixelio.de;
Rückseite: 1. Reihe links und rechts: Rabensteiner, public Domain; Mitte: GEME creative commons.
2. Reihe links M. F. Mehnert, creative commons; Mitte: J. Jung, Limburg; rechts R. Engelhardt, creative commons.
3. Reihe links Nicolas Scheuer, creative commons; rechts Hans-Peter Scholz, creative commons.

Die Informationen in diesem Buch sind von Autor und Verlag sorgfältig erwogen und geprüft, dennoch kann eine Garantie nicht übernommen werden. Eine Haftung des Autors bzw. des Verlags und seiner Beauftragten für Personen-, Sach- und Vermögensschäden ist ausgeschlossen.

FSC
www.fsc.org
MIX
Papier aus verantwortungsvollen Quellen
FSC® C020353

Verlagsgruppe Random House FSC®-DEU-0100

Das für dieses Buch verwendete FSC®-zertifizierte Papier *Profimatt*
liefert die Firma Sappi, Ehingen.

Druck und Bindung: Neografia, Martin

Printed in Slovakia

180090110X817 2635 4453 6271

Inhalt:

Vorwort des Autors

Vor 175 Jahren fuhr die erste deutsche Eisenbahn

Auch wenn die Eisenbahn längst ihre Rolle als wichtigstes Beförderungsmittel verloren hat: Als Massenverkehrsmittel hat sie ihre Schlüsselrolle im deutschen Verkehrsmix behalten und darf sich angesichts der kritischen Entwicklung unserer klimatischen Bedingungen und dem drohenden Verkehrsinfarkt auf unseren Straßen sicherlich in Zukunft auf wachsende Beförderungszahlen bei Passagieren und ein steigendes Aufkommen im Gütertransport freuen.

175 Jahre ist es her, dass die erste Dampfeisenbahn in Deutschland fuhr. Die Strecke von Nürnberg nach Fürth ist längst Geschichte, doch nichts fasziniert mehr als ein Blick zurück! Dieses Buch erinnert an wichtige Ereignisse in eindreiviertel Jahrhunderten technischer, gesellschaftlicher und politischer Entwicklung. Es stellt die schönsten Lokomotiven vor, spektakuläre Viadukte und eindrucksvolle Bahnhofsbauten. Vom „Adler" bis zum ICE sind die wichtigsten Schienenfahrzeuge vertreten – Legenden, die einst das pulsierende Leben bedeuteten, heute aber noch oft als Museumsfahrzeuge eine zweite, geruhsamere Existenz führen.

Doch Eisenbahn war nicht nur ein idyllischer Zug, der durch Täler und Tunnel fährt. Die Arbeit als Schienenleger oder Heizer war ein harter Knochenjob. Unfälle geschahen, bei denen viel zu oft Opfer zu beklagen waren. Auch in mehreren Kriegen hatte die Eisenbahn zu funktionieren.

Wie viel erfreulicher sind nicht nur die vielen Rekorde, die die deutsche Eisenbahn einheimsen konnte. Dieses Buch zeigt auch die schnellsten und erfolgreichsten Lokomotiven.

Es ist nicht möglich, alle Facetten der deutschen Eisenbahn seit 1835 zu zeigen. Aus diesem Grund war es nötig, entscheidende Stationen darzustellen. Vollständig kann ein derartiger Versuch nie sein. Dazu ist die fast unübersehbare Eisenbahnliteratur da, die dem interessierten Leser zusätzliche Informationen bieten kann.

Eisenbahn heute heißt leider oft nur Effizienz und Schnelligkeit. Schallschutzwände schaffen einen trüben Tunnelblick. Das Schöne bleibt oft auf der Strecke. So ist die Eisenbahn ein echtes Spiegelbild unserer Zeit. Möge sie – und wir – wieder mehr Gemeinschaftssinn lernen und erkennen, dass das wahre Paradies jenseits von Aktienbergen und Geldflüssen liegt. Mein besonderer Dank geht an Gerhard Meissner und seine äußerst fachkundige Hilfe.

Augsburg, im Januar 2010

Michael Dörflinger

Die Historie in der Übersicht

Die Historie in der Übersicht

Von der „Rocket" zum „Adler"

Die ersten Jahre der Eisenbahn in Deutschland

Das Jahr 1835 neigte sich schon seinem Ende zu, als in einer Gegend Deutschlands, die seit der Zeit der Meistersinger in den weltgeschichtlichen Dornröschenschlaf gefallen war, der Weckruf in eine neue Zeit ertönte. Zwischen den beiden fränkischen Städten Nürnberg und Fürth hatte die erste Eisenbahnlinie in Deutschland ihren Betrieb aufgenommen. Die Lokomotive „Adler", gekauft von der britischen Firma Stephenson und gefahren vom Schotten William Wilson, beförderte die ersten Fahrgäste der deutschen Geschichte.

Doch wie so oft hinkten die Deutschen der historischen Entwicklung hinterher. Der Erste, der die Dampfkraft zum Fahren benutzte, war der Franzose Nicholas Cugnot, der bereits 1769 eine kleine Maschine gebaut hatte. Ein größeres Gefährt, mit dem er Kanonen ziehen wollte, stellte er im Jahr darauf fertig.

Dieser berühmt gewordene „Fardier", das heißt soviel wie Lastwagen, erreichte allerdings leider nicht einmal die Straßen von Paris, sondern rammte eine Mauer der Kaserne, in der Cugnot das Vehikel montiert hatte. Sein großes Problem war die Lenkung gewesen. Mit diesem Unfall war die Idee der Dampftraktion erst einmal im historischen Kuriositätenkabinett gelandet. Erst in Cugnots Todesjahr 1804 gelang ein neuer Anlauf. Der Engländer Trevithick stellte die erste funktionsfähige Dampflokomotive vor. Richard Trevithick stammte aus dem Bergwerkswesen. Mit seiner Lok wollte er den Transport von Roheisen oder Kohle erleichtern. Leider blieb seine Erfindung letztlich erfolglos. Doch das lag nicht etwa an der mangelhaften Leistung seiner Lokomotiven, sondern daran, dass sie für die damals verwendeten Schienen zu schwer waren.

Die Firma Borsig in Berlin wurde bald zu einem der wichtigsten deutschen Lokomotivenbauer.

George Stephenson ist der Erbauer der ersten Eisenbahnlinie Stockton–Darlington.

1770 steuerte Cugnot diesen als „Fardier" bezeichneten Dampfwagen gegen eine Wand.

Nachbau einer Legende: So sah die Lok aus, die 1829 das Eisenbahnrennen von Rainhill gewann.

So sahen Richard Trevithicks erste Dampfloks aus. Die Treibräder wurden über Zahnräder angetrieben. Einsatzgebiete dieser Lokomotiven waren Kohlezechen.

Die Pferdeeisenbahn von Linz nach Budweis wurde bereits 1828 eröffnet.

Die Fabrik von Friedrich Harkort auf Burg Wetter. Der Industrielle hatte sich mit Joseph von Baader und Friedrich List für den Aufbau eines deutschen Eisenbahnwesens eingesetzt.

Friedrich List gilt als geistiger Vater des Zollvereins und der deutschen Eisenbahn.

Schienen gab es im Bergbau spätestens seit Anfang des 16. Jahrhunderts. Sie wurden verwendet, um die Wagen, mit denen das Metall oder die Kohle gefördert wurden, leichter ans Tageslicht zu schaffen und dann leichter abtransportieren zu können. Diese Schienen waren zunächst aus Holz, sehr viel später kam man darauf, sie aus Eisen zu gießen. Doch für diese Technik waren die neuen Lokomotiven zu schwer. Deshalb kam man auf die Idee, die Gleise aus Stahl zu walzen. Jetzt konnte der Siegeszug der Lokomotiven beginnen.

Als am 27. September 1825 zwischen den beiden nordenglischen Industriestädten Stockton und Darlington die Dampflokomotive des Ingenieurs George Stephenson angeheizt wurde, waren sich alle darüber im Klaren, dass sich an diesem Tag eine Fahrt von weltgeschichtlicher Bedeutung ereignen würde. Erstmals verband ein Zug zwei Städte. Die Geschichte der Eisenbahn hatte begonnen.

1830 wurde die Strecke Manchester–Liverpool eröffnet, 1835 zogen Belgien und Deutschland mit ihren ersten Linien nach. Frankreich, Österreich und Russland folgten. Die ersten Lokomotiven, die die Jungfernfahrten auf dem Kontinent bestritten, stammten noch alle aus England.

Deutschland hatte sich nach den napoleonischen Kriegen und dem Wiener Kongress als Deutscher Bund wiedergefunden, einem lockeren Staatenbund verschiedener Könige, Städte und Duodezfürsten. Der Wunsch nach einem einheitlichen Staat wurde vor allem bei den Ökonomen laut, die sahen, wie Zölle und Grenzen den Handel lähmten.

Einer dieser wichtigen Impulsgeber war der Reutlinger Friedrich List, der Vater der Zollunion von 1837. Er hatte in einer Denkschrift 1833 detaillierte Pläne für ein Schienennetz auf deutschem Boden entwickelt. Er wusste, dass die Eisenbahn bei

der Industrialisierung des wirtschaftlich rückständigen Landes entscheidend mitwirken würde und die Entwicklung eines einheitlichen Deutschland in seinem als „Flickerlteppich“ kleiner Duodezfürstentümer belächelten Vaterland schaffen konnte.
Im gleichen Jahr hatte Friedrich Harkort seine Pläne zum Bau einer Eisenbahn von Minden nach Köln vorgelegt. In Bayern propagierte der Ingenieur Joseph von Baader das neue Transportmittel. Dort war es dann auch, wo die erste Strecke 1835 zwischen Nürnberg und Fürth eröffnet wurde. Innerhalb kurzer Zeit entstanden überall in Deutschland neue Strecken. Meist waren es private Gesellschaften, die den Bahnbau vorantrieben. Doch bald erkannte die Obrigkeit die großen Möglichkeiten der Eisenbahn. Der erste Staat, der eine eigene Bahn gebaut hatte, war 1838 das Herzogtum Braunschweig. Die Gleise wurden fast überall in der Normalspur (1.435 mm) gelegt, die sich in Großbritannien durchgesetzt hatte.
Die frühesten Dampfloks in Deutschland hatten meist die Achsfolge 1A1. Das bedeutet, dass vor und hinter der Treibachse je eine nicht angetriebene Achse mitlief. Bekanntester Vertreter ist der „Adler“. Die in Deutschland verwendete Zeichen-Kombination setzt sich aus Buchstaben, die die angetriebenen Achsen kennzeichnen und Ziffern, die die Laufachsen symbolisieren, zusammen. Deshalb bezeichnet man eine Lok wie den auf dieser Seite abgebildeten „Adler“ als 1A1 (kleinere Laufachse – Treibachse – Laufachse).
Um die Zugkraft der Loks zu erhöhen, musste die Zahl der Antriebsachsen vergrößert werden. Deshalb war die Technik der Lokomotiven weiterentwickelt worden. Seit 1842 erlebten die Loks der Bauart Crampton eine kurze Blütezeit. Kennzeichen waren ihr langer Kessel, eine sehr tiefe Lage und ein langer Schornstein. Die über zwei Meter hohen Treibräder saßen hinter dem Kessel. Ihre Nachteile waren Anfahrprobleme und eine relativ niedrige Zuglast. Ihr Vorteil war eine vergleichsweise hohe Geschwindigkeit.
Ab 1850 wurden Tenderlokomotiven gebaut. Sie führten Wasser und Kohle in an der Seite oder hinter dem Fahrerhaus angebrachten Kästen mit. So konnte auf einen eigenen Schlepptender verzichtet werden. Ihre Einsatzgebiete waren vor allem kürzere Strecken, für die nicht so viel Betriebsstoff mitgeführt werden musste, oder steilere Strecken, wo es darauf ankam, das Gewicht der Lokomotivvorräte traktionswirksam einzusetzen. Wegen seiner guten Rückwärtsfahreigenschaften wurde dieser Typ gerne im Rangierbetrieb eingesetzt.
Ein bedeutender Schritt nach vorn gelang um 1880 dem Schweizer Anatole Mallet, der die erste Verbund-Dampflok entwickelte. Er wollte den Dampf doppelt ausnutzen, um so den Verbrauch zu senken. Zuerst arbeitete dieser in einem Hochdruckzylinder und bewegte die hintere Treibachse, dann gelangte er in einen Niederdruckzylinder, wo er für eine zweite Expansion sorgte. In Deutschland waren Mallet-Loks nicht so sehr verbreitet, doch in anderen Ländern, zum Beispiel den USA, baute man sehr viele solcher Lokomotiven.

Der „Adler“ war die erste Lokomotive in Deutschland, die vor Personenzügen fuhr.

Erster Zug der Berlin-Potsdamer Eisenbahn – 22. September 1838.

Der originale „Adler“ wurde 1857 ausgemustert und verschrottet. Dies ist der Nachbau von 1935, der 2007 restauriert werden musste.

Mit dem Krieg von 1866 änderte sich das Bild der Eisenbahn. Preußen hatte das Königreich Hannover und andere deutsche Staaten annektiert. Die Eisenbahnbetriebe dieser Gebiete wurden meist verstaatlicht. Auch in den übrigen Ländern wurden zumindest die wichtigen Strecken unter staatliche Kontrolle gestellt. So begann die Zeit der Länderbahnen.
Nach der Reichseinigung von 1871 behielten mehrere Länder ihre Eisenbahnen, sodass es im Deutschen Kaiserreich keine einheitliche Struktur gab. Ja, nicht einmal eine gemeinsame Zeit gab es bei länderüberschreitenden Verbindungen. Die „Mitteleuropäische Eisenbahn-Zeit“ wurde erst zwischen 1891 und 1893 eingeführt.
In den Ländern gab es verschiedene Hersteller von Lokomotiven, die hauptsächlich ihre Staaten ausrüsteten. Die ersten Waggons für die Beförderung von Passagieren waren den Kutschen sehr ähnliche Zweiachser, bei denen der direkte Zugang zum Abteil nur von der Außenseite möglich war. Doch sehr bald wurden geschlossene Wagen hergestellt. Die staatlichen Eisenbahnverwaltungen arbeiteten mit dem Dichterwerden des Schienennetzes immer intensiver zusammen.

Die Länderbahnzeit in Preußen

Preußen war nicht der erste Staat gewesen, der in Deutschland eine Eisenbahn hatte, aber als größter Flächenstaat auf deutschem Boden brauchte er die Zugverbindung seiner Industrieregionen, Agrargebiete und großen Städte am meisten. Besonders die Transversalen Köln–Königsberg und Berlin–Breslau waren von Bedeutung, aber auch der Anschluss ans Meer nach Altona gehörte dazu. In den Anfängen stammten die Lokomotiven von Borsig und Schwartzkopff aus Berlin, ab 1867 gehörten nach der Annektion Hannovers und Kurhessens auch die Hanomag in Linden und Henschel in Kassel zu den Ausrüstern. Ab 1878 wurden Normalien festgelegt, die eine möglichst weitgehende Vereinheitlichung des Rollmaterials erreichen wollten, denn das bedeutete einfachere Handhabung und leichteres Warten bzw. Reparieren.

Die Passagiere konnten in Preußen ab 1852 in vier Klassen fahren, die Waggons wurden durch eigene Farben kenntlich gemacht. Weil oft zwei verschiedene Klassen in einem Wagen untergebracht waren, sah man häufig auch zweifarbig lackierte. 1891 führte Preußen den D-Zug ein, der erstmals die Möglichkeit bot, im gesamten Zug von vorn nach hinten durchzugehen. In Preußen wurden die Eisenbahnen großteils privat betrieben. Erst in den achtziger Jahren des 19. Jahrhunderts wurden vom Staat die strategisch wichtigen Bahnen übernommen. Die Armeeführung hatte in den drei Einigungskriegen die große Bedeutung der Eisenbahn für die Kriegsführung erkannt und genutzt. Diese Vorteile wollten die Militärs fest in ihrer Hand sehen. Bis 1914 standen praktisch alle preußischen Strecken unter staatlicher Verwaltung. Das gilt auch für das in Preußen auf den Nebenstrecken sehr ausgeprägte Kleinbahnnetz.

Ein bedeutender Fortschritt, den man der Preußischen Staatseisenbahn zu danken hat, ist die Entwicklung der Heißdampflokomotive von 1897.

Bereits 1879 hatte Siemens & Halske in Berlin die erste Elektrolok der Welt vorgestellt. Ab 1901 wurden von AEG und Siemens auf der Militärbahn-Versuchsstrecke zwischen Marienfelde, Zossen und Jüterbog erfolgreiche Tests mit Elektrotriebwagen unternommen. Das AEG-Modell erzielte mit sensationellen 210,2 km/h einen Geschwindigkeitsweltrekord. Ein wichtiges Zentrum des elektrischen Betriebs war die Berliner S-Bahn, außerdem wurde in Schlesien ein elektrisches Netz aufgebaut.

Der Anhalter Bahnhof in Berlin wurde 1880 eingeweiht. Er nahm den Zugverkehr auf, der von Süden in die deutsche Reichshauptstadt einfuhr. Im Zweiten Weltkrieg wurde er zerstört.

Die T 3 (später BR 89) war vor allem als Rangierlok tätig, durfte aber auch Nebenstrecken bedienen. Sie wurde zwischen 1882 und 1910 in fast 1.400 Exemplaren gebaut.

Die Historie in der Übersicht

Die erste Henschel-Lok „Drache“ wurde 1848 in Kurhessen gebaut.

Diese preußische P 8 steht heute im Eisenbahnmuseum in Heilbronn. Die später als Baureihe 38 einsortierte Personenzuglok war eine der meistgebauten Dampfloks. Die erste wurde 1906 gefertigt.

Preußen und Hessen

Auf hessischem Territorium hatte das Eisenbahnzeitalter auch relativ früh begonnen. Allerdings wurde das Feld den Privatbahnen weitgehend überlassen. Mit dem Hersteller Henschel hatte man in Kassel einen sehr wichtigen Lokomotivenproduzenten zu bieten. Der hatte an die Friedrich-Wilhelms-Nordbahn mit dem „Drachen“ seine erste Lok verkauft. 1866 wurde jedoch Kurhessen samt Kassel preußisch.

In der Kaiserzeit war Hessen kein einheitlicher Staat, sondern in die von Preußen nach 1866 annektierten Gebiete und das Großherzogtum Hessen geteilt. Dieses bestand wiederum aus zwei Hälften, die nicht miteinander verbunden waren. Die Hessen mussten deshalb über preußisches Territorium fahren, wenn sie von Darmstadt nach Gießen wollten.

Da die hessischen Eisenbahnen allein nicht überleben konnten, kamen die beiden Regierungen überein, die Eisenbahnbetriebe zusammenzuschließen. Die am 1. April 1897 gegründete Königlich Preußische und Großherzoglich Hessische Staats-Eisenbahn war eigentlich ein Anschluss der Hessen, denn Uniformen und Reglement wurden von Preußen übernommen. Die Zentrale in Mainz wurde einer KED (Königliche Eisenbahn-Direktion), der Vorläuferin der Reichsbahn-Direktion, angepasst. Mit dieser Union war – abgesehen von Oldenburg und Mecklenburg – praktisch der ganze Norden des Reiches von einer einheitlichen Organisation verwaltet.

Die Preußische Staatseisenbahn wurde zum größten Eisenbahnbetrieb der Welt. 1897 verwaltete sie 29.000 Streckenkilometer. 1873 waren es noch in ganz Deutschland lediglich 23.763 Kilometer gewesen. 1910 verfügte das Deutsche Reich über ein Eisenbahnnetz von 59.031 Kilometern. Zum Betrieb waren große Mengen an Lokomotiven und Waggons nötig.

Die Lokomotiven wurden in verschiedene Kategorien eingeordnet. S bezeichnete Schnellzugloks, P Personenzugloks, mit G wurden Güterzugloks bezeichnet und Tenderloks bekamen das Kürzel T. Im Lauf der Jahre wurden die Lokomotiven immer stärker. 1873 verfügten die deutschen Eisenbahnbetriebe über 10.659 Lokomotiven, nicht mitgezählt die 993 Tenderloks. Davon waren 9.615 dreiachsig. Über drei Viertel aller Personenzugwagen waren zweiachsig. Das änderte sich in den folgenden Jahren gewaltig. Gegen Ende des Jahrhunderts wurden meist dreiachsige Wagen gebaut, die Lokomotiven für den Personenverkehr hatten zwei oder drei Treibachsen, die Güterzugloks meist eine mehr. 1910 beförderten die Eisenbahnen in Deutschland 1.541 Millionen Passagiere und 575 Millionen Güter. Dem standen gerade mal 27.000 Autos gegenüber. Die Eisenbahn hatte sich zum dominierenden Transportmittel dieser Zeit entwickelt.

Die T 14 wurde in der Zeit des Ersten Weltkriegs gebaut. Drei Loks waren auch in Österreich aktiv.

Im Eisenbahnmuseum von Chemnitz-Hilbersdorf kann man noch die sächsische XII H2 bewundern. Diese Personenzuglokomotive wurde ab 1910 bei Hartmann in Chemnitz gebaut. Sie wurde speziell für das hügelige Gelände Sachsens konstruiert.

Eisenbahnpioniere in Sachsen

Am 24. April 1837 begann in Sachsen das Eisenbahnzeitalter mit der Eröffnung des ersten Teilstücks der Strecke von Leipzig nach Dresden. Zwei Jahre später waren die beiden Metropolen miteinander verbunden und Deutschlands erste Ferneisenbahn ihrer Bestimmung übergeben worden.
Der Staat zwischen Elbe und Erzgebirge war einer der ersten, die ins Zeitalter der Industrialisierung eingetreten waren. Aus diesem Grund war das Bedürfnis nach Transportkapazitäten dort besonders ausgeprägt. Nicht ohne Grund waren die Überlegungen Friedrich Lists von Sachsen ausgegangen.
In Chemnitz hatte Sachsen 1848 mit der Fabrik von Hartmann einen hervorragenden Produzenten für die benötigten Lokomotiven gefunden.
Auch in diesem deutschen Staat begann das Eisenbahnzeitalter mit privaten Unternehmungen, die aber von Sachsen unterstützt und später von der Königlich Sächsischen Staatseisenbahn übernommen wurden. Dieser Prozess zog sich allerdings noch bis 1905 hin.
Schon früh hat Sachsen als Binnenland die Verbindung zu den Nachbarländern gesucht. Die Verbindung nach Bayern wurde 1842 gebaut, nach Schlesien 1845 und nach Böhmen 1848.
Eine Besonderheit im sächsischen Eisenbahnnetz ist der hohe Anteil von Schmalspurbahnen, die meist eine Spurweite von 750 Millimetern aufwiesen. Auf diese Weise wurde es möglich, das Erzgebirge eisenbahntechnisch zu erschließen, ohne dass die Kosten explodierten. Noch heute findet man viele dieser Nebenstrecken in Betrieb.
Das wichtige Drehkreuz Leipzig hatte bis 1915 mehrere verschiedene Bahnhöfe, ähnlich wie in Berlin und noch heute in Wien und Paris. Dann wurde der Leipziger Hauptbahnhof mit Europas größter Empfangshalle eingeweiht.

Die
Maschinenfabrik, Eisen- & Metallgiesserei von
Richard Hartmann
in CHEMNITZ in SACHSEN,
liefert:
Locomotiven, Tender, Locomobilen; Dampfmaschinen und Dampfpumpen nach den neuesten und vorzüglichsten Sy-
stemen in allen Grössen, patentirte selbstthätige Speise-Apparate (Injecteur Giffard) von 2 bis 200 Pferde; Dampfkessel, eiserne
Dampfheizungsröhren, Oessen, Braupfannen, Kühlschiffe, Wasserreservoirs etc.; Turbinen und Wasserräder;
Transmissionen; Maschinen für Hütten-, Bergwerk-, Mahl- und Schneide-Mühlen-, Brauerei- und Färberei-Anlagen,
Papier-, chemische und andere Fabriken; Stein-, Braunkohlen-, Torf-Pressen, Centrifugalpumpen, Farbemühlen; hydraulische und
Schrauben-Pressen, Heu-Pressen; Maschinen für Streichgarn-, Kammgarn-, Baumwoll-Spinnerei und Zwirnerei nach den neuesten und
anerkannt besten Constructionen. Selfactor's für genannte drei Spinnerei-Branchen mit neuen patentirten wichtigen Verbesserungen;
Wolltrockenmaschinen; Wollwaschmaschinen; Pressionsspul-Apparate für Hand-Mules. Maschinen zur Erzeugung von Kunstwolle.
Carding- und Weft-Garnen; patentirte Stachelwalzen für Kammgarnspinnerei; patentirte mechanische Webstühle mit und ohne
beliebigen Schützenwechsel für Buckskin, Satin, Tuch, Flanell, in Cassinet, Shirting, Jacquard, Seide, Leinen etc.
Ketten-Vorbereitungs-Maschinen, als: Treib-, Schlicht-, Leim- Bäum-Maschinen etc.; Appretur-Maschinen, als: Walken,
mit patentirten Apparaten, und Rauhmaschinen in verschiedenen Systemen, Scheermaschinen, Trockenmaschinen, in div.
Grössen etc.; Papierschneidemaschinen; Werkzeug-Maschinen theils eigener, theils neuester, bester englischer und französischer
Construction, als: Drehbänke Achsen-Drehbänke, Hobel-, Bohr-, Nuthstoss-, Cilinderbohr-, Räderschneid-Maschinen,
patentirte Maschinen zum Bearbeiten von Schrauben und Muttern etc.; Holzbearbeitungs-Maschinen; Dampfhammer;
Krähne, Eisenbahnbrücken, Drehscheiben, Schiebebühnen etc.; sowie alle zur Ausrüstung von Eisenbahn- und Ma-
schinenbau-Werkstätten erforderlichen Hilfsmaschinen; überhaupt alle in das Maschinenbaufach einschlagende Gegenstände.
Die Eisen- und Metall-Giesserei
entspricht allen Anforderungen der Gegenwart und ist für Theile der grössten Dimensionen eingerichtet.

Richard Hartmann war der Gründer der späteren Sächsischen Maschinenfabrik.

Bis zum Anschluß der Industriebahn an das Streckennetz der Chemnitztalbahn im Dezember 1903, wurden neue Loks der Firma Hartmann mit Pferden zum Hauptbahnhof in Chemnitz gezogen.

Die „Katharina" LAG 1 wurde 1905 in Dienst gestellt. Bayern war ein Pionier in der Elektrifizierung des Eisenbahnverkehrs, während man in Norddeutschland noch lange auf die Kohle setzte.

Vorreiter der Elektrolok: Bayern

Bayern – obwohl ansonsten damals in mancher Hinsicht noch recht rückständig – übernahm in der deutschen Eisenbahngeschichte mehrmals eine Vorreiterrolle. Das begann bereits damit, dass dort die erste deutsche Eisenbahn fuhr.
Bereits in den Anfangsjahren hatte die bayerische Regierung die Vorzüge eines staatlich gelenkten Eisenbahnsystems erkannt und den Ausbau planvoll vorangetrieben. Magistralen wurden die Strecken Ulm–Augsburg–München–Salzburg und Lindau–Hof.
Zu Bayern gehörte damals auch die Pfalz, die bis 1908 ihren Eisenbahnverkehr durch eine Privatbahn regelte.
Bayern hatte mit Maffei und Krauss zwei wichtige Hersteller von Lokomotiven in seinen Grenzen. Besonders Maffei tat sich durch hervorragende Lokomotiven hervor. Die Schnellzuglok S 2/6 erzielte sogar 1907 einen Geschwindigkeitsrekord. Mit 154 km/h war sie die schnellste deutsche Dampflok ihrer Zeit. Ein anderes Schmuckstück war die S 3/6, die auch als Baureihe 18^4 bekannt ist. Sie gilt heute vielen Eisenbahnfreunden als schönste deutsche Dampflok.
In Bayern wurden wie in der Schweiz die Lokomotiven so bezeichnet, dass das Verhältnis von Treibachsen zu allen Achsen in einem Bruch dargestellt wurde. 3/6 bedeutete also, drei von sechs Achsen wurden angetrieben, drei waren Laufachsen.
Bayern ist ein Land mit vielen Geländeerhebungen, weshalb an vielen Stellen die Anforderungen an die Lokomotiven sehr hoch sind. Besonders für den Güterzugverkehr waren deshalb starke Dampfloks gefragt. Die stärkste und eine der wenigen deutschen Mallet-Loks war die Tenderlok Gt 2x4/4, die 1914 die Fabrikhalle von Maffei verließ.
Eine andere landschaftliche Beschaffenheit Bayerns erleichterte den Schritt zu einer modernen Antriebsart, die schon zu Beginn des zwanzigsten Jahrhunderts ihre Leistungsfähigkeit unter Beweis stellte: der Strom. Bayern besaß dank seiner Alpenflüsse ideale Voraussetzungen zur Stromgewinnung. Oskar von Miller hatte bereits 1882 eine Stromleitung von Miesbach nach München errichtet und bewiesen, dass Strom über große Entfernungen transportiert werden kann. 1911 schlug er ein Netz von Wasserkraftwerken zur flächendeckenden Stromgewinnung vor. Bereits 1905 war die erste elektrifizierte Strecke zwischen Oberammergau und Murnau in Betrieb gegangen. Die Karwendelbahn (1913 elektrifiziert) bot sogar eine internationale Strecke nach Österreich an. Ein Jahr später wurde auch die Strecke Freilassing–Berchtesgaden mit Fahrdraht überspannt.
Der Erste Weltkrieg setzte dieser Entwicklung ein vorläufiges Ende, doch auch unter dem Dach der Reichsbahn wurde die Elektrifizierung der Strecken, auch wichtiger Magistralen, massiv vorangetrieben. In den zwanziger Jahren besaß Bayern fast die Hälfte der deutschen Strecken unter Fahrdraht.

Die achtachsige Gt 2x4/4 für schwere Güterzüge.

J. A. MAFFEI, MÜNCHEN 2

3/6 (2-C-1) gek. Vier-Zylinder-Verbund-Schnellzuglokomotive „S 3/6" der Königlich Bayerischen Staatseisenbahn, gebaut von J. A. Maffei, München.

Durchmesser der Hochdruckzylinder	425 mm	Triebrad-Durchmesser	2000 mm
Durchmesser der Niederdruckzylinder	650 mm	Heizfläche des Kessels	268 m²
Kolbenhub	670 mm	Dienstgewicht	88 t
		Spurweite	1435 mm

Die berühmte „hochhaxige" S 3/6 wurde ab 1908 bei Maffei in München gebaut.

Eisenbahn in Württemberg

Die Geislinger Steige war in Württemberg eine Schlüsselstelle, die starke Lokomotiven nötig machte. Hier zwei ehemalige Loks der DR

Der König in Stuttgart hatte von Anfang an darauf gesetzt, den Eisenbahnbetrieb in staatlicher Hand zu halten. Die wichtigste Strecke sollte die „Centralbahn“ bilden, die von Heilbronn über Stuttgart und Ulm an den Bodensee führen sollte. 1845 wurde mit dem Abschnitt zwischen Bad Cannstatt und Untertürkheim (heute beides Stadtteile von Stuttgart) das Eisenbahnzeitalter in Württemberg eingeläutet. Der Bau der Centralbahn zog sich vor allem wegen der schwierigen Geländeverhältnisse über die Schwäbische Alb bis 1850 hin.

Der weitere Ausbau des Streckennetzes erfolgte vor allem durch die Erschließung der Flusstäler, allen voran dem des Neckars. Württemberg war Mitte des neunzehnten Jahrhunderts noch weit vom heutigen Wohlstand entfernt, weshalb ein Ausbau nur recht langsam vonstatten gehen konnte. So wurde eine Eisenbahn entlang der Donau erst 1868/70, das letzte Teilstück durchs obere Donautal sogar erst 1890 fertig.

Auch Württemberg besaß einen „Hoflieferanten“ für Lokomotiven. Die Karlsruher Firma Kessler hatte in Esslingen eine Filiale eröffnet. Die daraus entstandene Maschinenfabrik lieferte die meisten der im „Ländle“ eingesetzten Lokomotiven.

Die Strecke über die Geislinger Steige nach Ulm war einer der neuralgischen Punkte dieses Eisenbahnbetriebs. Hier kam es darauf an, starke Lokomotiven zu besitzen, die entweder als zusätzliche Zugmaschinen eingesetzt wurden oder gar die anspruchsvolle Steigung von 23 Promille allein bewältigen konnten. Für diesen Abschnitt wurden ab 1917 in Esslingen die einzigen deutschen Dampfloks mit sechs angetriebenen Radsätzen gebaut. Die mit der Bezeichnung „K“ versehenen Loks verrichteten bis zur Elektrifizierung der Strecke von Stuttgart nach Ulm 1953 ihren Dienst.

Der Höhepunkt des Lokomotivbaus in Württemberg war die Schnellzuglok der Gattung C, die den Beinamen „schöne Württembergerin“ bekam.

Eine Besonderheit war die privat betriebene Localbahn Ravensburg–Weingarten–Baienfurt, die 1888 eröffnet worden war. Sie wurde nach ihrer Verstaatlichung 1938 nach der BOStrab, der Betriebsordnung für Straßenbahnen, betrieben und war die einzige Straßenbahnstrecke der Deutschen Reichsbahn.

Württemberg beteiligte sich im Ersten Weltkrieg wie die meisten anderen Staatsbahnen am Bau der ersten Gemeinschaftsloks, vor allem der unter preußischer Regie entwickelten Güterzuglok G 12. Zu dieser Zeit hatte Württemberg ein Streckennetz von 2.256 Kilometern. Übrigens besaß die Württembergische Staatsbahn eine kleine Bodenseeflotte. Auch sie wurde 1920 von der Reichsbahn übernommen.

Frühe Lokomotiven in Deutschland

Schon im Jahr 1803 hatte Carl Anton Henschel in Kassel eine Lokomotive projektiert und 1816 davon ein Modell gefertigt. In der Kgl. Eisengießerei in Berlin wurde 1815 nach englischem Vorbild eine Grubenlokomotive gebaut, die verloren ging; eine zweite von 1817 wurde 1836 verschrottet.

Die „schöne Württembergerin“ der Klasse C, später Baureihe 18^1, war eine klassische „Pacific“.

Dreikuppler Fc Nr. 692 der Maschinenfabrik Esslingen.

Bekannteste badische Lok war die Schnellzuglok IV h, die auch den „Rheingold“ anführte.

Der 242 Meter lange Klotztunnel von 1848.

Baden: Klein aber fein

Als in Baden am 12. September 1840 die erste Eisenbahn zwischen Mannheim und Heidelberg verkehrte, störte sich niemand daran, dass die Spurweite dieser Strecke 1.600 Millimeter betrug. Erst als es darum ging, einen Anschluss an andere Netze zu verwirklichen, wurde die Entscheidung problematisch. Aus diesem Grund entschloss man sich 1854, die bestehenden Strecken auf die sonst gebräuchliche Normalspur umzulegen.
In dieser Zeit war bereits die Strecke nach Karlsruhe und Freiburg fortgeführt worden. Die Rheinstrecke erwies sich in den folgenden Jahren als eine der bedeutenden europäischen Fernreisestrecken, die mit dem „Rheingold“ auch ein berühmter Luxuszug befuhr.
Baden hatte mit der Firma Kessler in Karlsruhe einen eigenen Lokomotivenproduzenten, der das Gros der badischen Dampfloks baute.
1874 besaß die Großherzoglich Badische Staatsbahn 335 Lokomotiven, 954 Personen- und 5.591 Güterwagen. Angesichts der schwierigen Geländeverhältnisse waren die Kosten für den Bau neuer Strecken vergleichsweise hoch. Aufsehen erregte die 1873 fertiggestellte Schwarzwaldbahn. Sie überwindet in ihrem Scheitelstück zwischen Hornberg und Sommerau auf elf Kilometern Luftlinie einen Höhenunterschied von 448 Metern und führt in großen Schleifen und durch sechsunddreißig Tunnel von Offenburg nach Konstanz.
Eine andere Überquerung des Schwarzwalds ist die 1901 eröffnete Höllentalbahn, die Donaueschingen mit Freiburg verbindet. Diese Strecke gehört zu den steilsten Deutschlands und zeichnet sich durch einige Meilensteine der Ingenieurskunst aus. Besonders der 222 Meter lange und 42 Meter hohe Ravenna-Viadukt beeindruckt noch heute, stammt allerdings aus dem Jahr 1927, denn der alte wurde ersetzt, um einen besseren Radius zu gewinnen. Wegen der Steigungen von bis zu 5 Promille waren besonders leistungsfähige Lokomotiven nötig.
Die Höllentalbahn wurde 1936 mit der ungewöhnlichen Spannung 20 kV / 50 Hz elektrifiziert. Diese wurde später von den Franzosen für ihr Wechselstromnetz übernommen. Die Bundesbahn stellte 1960 jedoch auf die übliche Spannung um.
Mit den Staatsbahnen von Oldenburg und Mecklenburg gab es im Kaiserreich noch zwei weitere Eisenbahnbetriebe, die sich jedoch weitgehend am Vorbild Preußens orientierten. In Elsass-Lothringen stand die Eisenbahn unter dem Reichsamt für die Verwaltung der Reichseisenbahnen. Hierzu gehörte auch die Eisenbahn in Luxemburg. Dieser ungewöhnliche Sonderfall wurde im Ersten Weltkrieg von Bedeutung, da deutsche Soldaten schon in den ersten Kriegstagen Luxemburg besetzten, um die Bahn zu „schützen“.

Die Höllentalbahn im Schwarzwald von Freiburg nach Donaueschingen ist eine der steilsten deutschen Eisenbahnstrecken. Der Ravenna-Viadukt (hier vor dem Neubau) ist ihr baulicher Höhepunkt.

Eisenbahn im Ersten Weltkrieg

Die deutschen Eisenbahnen hatten sich im Zeitalter der Industrialisierung bewährt und einen sehr wichtigen Beitrag dazu geleistet, die Wirtschaft des Deutschen Reiches auf einen guten Weg zu bringen. Doch nicht nur der Friedensarbeit sollten die Dampfrösser dienen, sondern auch als Schlachtpferde waren sie vorgesehen. Der Generalstab hatte bei der Mobilmachung des Heeres und dem Transport von Soldaten und Ausrüstung an die Front stets die Eisenbahn im Blick. Jubelnde Soldaten hin, Verwundete und anfangs auch noch Tote nach Hause – das wurde die Aufgabe der Eisenbahn im Krieg. Um die dringend benötigte Munition nach vorn zu schaffen, wurde nach Einsetzen des Stellungskriegs eine Unzahl von Feldbahnen gebaut.

Im Ersten Weltkrieg wurden ganze Geschütze auf Eisenbahnwagen montiert, um schnell an die wechselnden Brennpunkte der Front verlegt werden zu können.

Doch den Eisenbahnarbeitern standen auch andere Mühen bevor. Um die bestehenden Zugverbindungen nach Westen zu entlasten, wurden neue Brücken über den Rhein geschlagen. Die bekannteste ist die 1945 zerstörte Ludendorff-Brücke von Remagen. In den besetzten Gebieten in Flandern, Russland und auf dem Balkan wurde ein funktionierendes Eisenbahnnetz geschaffen.

Der Verschleiß des Rollmaterials war enorm. Mangels Personal konnte eine Wartung kaum erfolgen. Doch im Gegensatz zu den Flugzeugen und Lastwagen blieb die Eisenbahn bis zuletzt im Einsatz, denn Kohle gab es in Deutschland genug. Bei den vielfach nötigen Reparaturarbeiten erwies es sich als besonders nachteilig, dass die Hersteller ihre Loks und Wagen nicht nach einem gemeinsamen Plan gebaut hatten. So passten vorrätige Ersatzteile oftmals nicht, es kam zu überflüssigen Verzögerungen. Aus dieser Erkenntnis heraus entwickelte die Reichsbahn später ihre Einheitsloks. Erste Schritte dazu wurden noch während des Krieges unternommen.

Die Geschichte der Eisenbahn im deutschen Kaiserreich ist aber auch eine Geschichte der Eisenbahn in den Kolonien. Sie sollte die Erschließung der weitläufigen Länder vorantreiben. Im ersten Jahrzehnt des zwanzigsten Jahrhunderts wurden vor allem in den afrikanischen Kolonien hunderte von Kilometern Schienen verlegt.

Deutsche Eisenbahningenieure waren es auch, die in der Türkei, Mesopotamien und dem Hedschas den Eisenbahnbau vorangetrieben hatten. Diese Bahnen trugen nun dazu bei, die exponierten Frontabschnitte des Osmanischen Reichs, das auf deutscher Seite im Krieg stand, längere Zeit stabil zu halten.

Die Eisenbahn spielte auch im letzten Akt dieser ersten Welt-Tragödie ihre wichtige Rolle, denn sie war es schließlich, die die Rückführung der im Feld stehenden Soldaten in die Heimat ermöglichte.

August 1914. Noch herrschte auf deutschen Bahnhöfen Zuversicht.

Der Weitertransport an die Frontlinie fand meist in offenen Feldbahnwagen statt.

1916 – mitten im Ersten Weltkrieg wurde die Mitropa gegründet.

Die Gründung der Reichsbahn

Im November 1918 fegte die Revolution in allen deutschen Staaten die gekrönten Häupter vom Thron. Das hatte zur Folge, dass die bisherigen königlichen oder großherzoglichen Eisenbahnen auf ihre monarchischen Attribute verzichteten.
Mit Schaffung der Weimarer Republik entwickelte sich 1919 auf deutschem Boden ein Staatswesen, das sehr stark dazu neigte, Kompetenzen der Länder auf die Reichsebene zu verlagern. Separatrechte, wie sie etwa Bayern besessen hatte, sollten nicht mehr gewährt werden. Konsequenterweise wurde auch die Eisenbahn vereinheitlicht und zentralisiert.
So wurde am 1. April 1920 die Deutsche Reichsbahn geschaffen. Alle bisher selbstständigen Staatseisenbahnen übertrugen sämtliche Lokomotiven, Gebäude und Streckenanlagen auf die neue Institution. Wichtigste Verwaltungsorgane wurden die Reichsbahndirektionen (RBD), die auf der Grundlage bestehender Eisenbahndirektionen entstanden. In den meisten Fällen handelte es sich lediglich um eine Umbenennung. In Bayern gab es jedoch noch ein weitgehend selbstständig arbeitendes Zentralamt.
Die Deutsche Reichsbahn verfügte über ein Streckennetz von 53.560 Kilometern. Sie beschäftigte über 1,1 Millionen Menschen. Doch die Probleme waren gewaltig. Das Rollmaterial war im Krieg auf Verschleiß gefahren worden und musste jetzt unter großen Anstrengungen wieder aufbereitet werden. Viele befähigte Eisenbahner waren im Krieg gefallen oder verstümmelt worden. Die Länderbahnen waren in ein tiefes Defizit gefahren. Die wirtschaftliche Situation des Reiches war katastrophal. Dazu kam die Besetzung des linken Rheinufers durch Franzosen und Belgier, die den Eisenbahnbetrieb massiv erschwerte. 1923 musste die junge Republik gegen Aufstände und Putsche von links und rechts kämpfen. Dazu kam die Megainflation, die eine Festlegung des Fahrpreises praktisch unmöglich machte.
Aus Gründen, die mit den Reparationsforderungen der Siegermächte zusammenhingen, wurde im Jahr 1924 die Deutsche Reichsbahn-Gesellschaft (DRG) gegründet, die den Betrieb übernahm. An deren Spitze stand ein Generaldirektor, der ab 1926 Julius Dorpmüller hieß. Er war bis 1945 das Gesicht der Deutschen Reichsbahn, die er voller Umsicht und Tatkraft lenkte. Seine Bereitschaft, sich mit den Nazis zu arrangieren, trübte allerdings sein Ansehen etwas.
Mit der verbesserten wirtschaftlichen Lage war es nach den Krisenjahren bis 1924 endlich möglich, weitreichende Zukunftspläne zu schmieden. Viele der altgedienten Länderbahnlokomotiven genügten den Anforderungen nicht mehr oder mussten aus Altersgründen ersetzt werden. Zu diesem Zweck wurde ab 1925 mit dem Bau der „Einheitslokomotiven“ begonnen.
Zunächst jedoch richtete sich das Augenmerk auf die überalterten Waggons. Bisher waren die Aufbauten meist aus Holz, was bei Unfällen zu schweren Verletzungen führen konnte. Deshalb wurden 1920 für den Schnellverkehr nur noch Wagen in Ganzstahlbauweise hergestellt. 1921 folgten mit den im Volksmund als „Donnerbüchsen“ bezeichneten Zweiachsern auch im Nahverkehr Personenzugwagen mit Stahlaufbauten. Noch bessere Waggons folgten ab 1926.
Auch neue Strecken wurden gebaut. Das Netz der Deutschen Reichsbahn war bis 1935 auf 68.728 Kilometer gewachsen. Damit besaß Deutschland den größten zusammengehörenden Verkehrsbetrieb der Welt.

Die Lokomotiven der Länderbahn wurden in die Reichsbahn überführt und bekamen ab 1925 neue Bezeichnungen nach einem Nummernsystem der Baureihen.

Die Reichsbahn hatte auch ihr eigenes Logo.

Vielen Eisenbahnfans gilt die Reichsbahn als Höhepunkt der Bahngeschichte.

Reichsbahn als Arbeitgeber

Bei ihrer Gründung war die Reichsbahn der größte Arbeitgeber der Welt. Neben den bekanntesten Berufen Lokführer und Heizer gehörten auch Streckengeher oder Schrankenwärter dazu.

Die Reichsbahn war damals aber auch der größte Arbeitgeber der Welt. Das lag vor allem daran, dass der Bahnbetrieb noch sehr personalintensiv geführt werden musste.

Der prominenteste Beruf, der bei vielen Jungen so begehrt war wie später der Automechaniker oder der Pilot, hieß Lokführer. Er hatte die Gewalt über seine Lokomotive, war verantwortlich für Wasser, Kohle und Sand, die nötigen Wartungsaufgaben und den Papierkram. Doch seine Arbeit in der Dampflok war anstrengend, der Arbeitsplatz neben der Feuerbüchse sehr heiß. Dazu kamen die Arbeitszeiten.

Der Heizer war der zweite Mann an Bord der Dampflok neben dem Lokführer. Er kümmerte sich auch um Wartung und Pflege der Maschine. Um einmal Lokführer werden zu können, musste man viele Jahre auf dieser gering vergüteten, körperlich anstrengenden Stelle ausharren.

Ein wichtiger Mann bis zu der Einführung leistungsfähiger durchgehender Bremsen war der Bremser. Auf jedem Wagen des Zuges saß einer von ihnen im Bremserhäuschen und bediente auf Kommando die Bremse.

Der Zugführer, im französelnden Zeitalter gerne Conducteur genannt, begleitete den Personenzug in den Wagen und war der Ansprechpartner für seine Fahrgäste. Ihm unterstanden die Schaffner.

Auch außerhalb der Züge bot die Reichsbahn eine Fülle verschiedener Arbeitsplätze an.

So gab es den Streckengeher oder Streckenwärter, der jeden Tag seinen Abschnitt ablief und die Gleise, den Unterbau und die Schwellen überprüfte. Der Bahnwärter hatte sein Häuschen direkt an der Strecke bei einem Bahnübergang. Er sorgte für Sicherheit an der Schranke und gab Informationen zum Zugbetrieb weiter.

Nicht zu vergessen bot auch der Bahnhof vom Billeteur bis zum Dienstmann eine Vielzahl von Beschäftigungsmöglichkeiten.

Da immer noch neue Strecken hinzukamen und weil die beanspruchten Schienenstrecken immer mal wieder erneuert werden mussten, hatten auch Schienenleger sehr viel zu tun.

Die neuen Strecken mussten geplant und vermessen werden. Hinzu kamen die Bahnhofsgebäude und Wartungseinrichtungen. Natürlich wurden zum Bau der Gebäude auch externe Firmen beschäftigt.

Im Bahnbetrieb spielte das Rangieren vor allem von Güterzügen eine wichtige Rolle. Eigene Rangierloks verrichteten an den großen Güterbahnhöfen diese Arbeit. Das Be- und Entladen der Güterwagen war mit schwerer Handarbeit verbunden. In den Zeiten vor der massenhaften Verbreitung von Lieferwagen und Lkw war die Eisenbahn das wichtigste Transportmittel von Lebensmitteln, Industrie- und Verbrauchsgütern.

Neben diesen Tätigkeiten darf nicht die Arbeit vergessen werden, die geleistet werden musste, damit es überhaupt eine rauchende Lok gab. Die großen Hersteller von Lokomotiven waren über das ganze Reichsgebiet verteilt. Dort wurden aber auch Dampfloks für den Export oder zu Zwecken der Reparationsleistung gebaut. Die zum Betrieb nötige Kohle ließ die Bergwerke boomen. So war die Reichsbahn der wichtigste Motor der Arbeitsmarktpolitik.

Der Lokomotivbau war sehr anspruchsvoll.

Viele der 1900 beim Bau der Weißeritzbahn tätigen Schienenleger wurden im höheren Alter Beschäftigte der Reichsbahn. Das Meiste war schwere Handarbeit.

Die Historie in der Übersicht

Der Wismarer Schienenbus aus den dreißiger Jahren hatte einen Verbrennungsmotor. Bei der Inselbahn auf Borkum ist er noch immer im Einsatz.

Stadt- und Regionalverkehr

Jeder schwärmt von den langen Personenzügen, die dampfend durch eine Traumlandschaft gefahren sind. Doch die Eisenbahn schickte nicht nur Urlauber in die Ferne. Sie bediente auch kleine Nebenstrecken und machte es der Landbevölkerung möglich, schnell in die große Stadt zu kommen, um Geschäften nachzugehen oder Besorgungen zu erledigen. Dank der Eisenbahn war es vielen möglich, eine Arbeitsstelle anzunehmen, die vom Wohnort entfernt lag. Der Pendler war geboren.
Viele Kleinbahnen standen unter der Kontrolle der Reichsbahn. Es gab aber immer noch – vor allem in abgelegenen Regionen – private Bahnunternehmen, zum Beispiel die Inselkleinbahnen in Nord- und Ostsee oder im Harz. Als es noch kaum private Pkw gab, waren sie die einzige Möglichkeit, mobil zu werden.
Unter der Kontrolle der Reichsbahn stand auch die Berliner S-Bahn. Sie war schon deshalb eine Besonderheit, weil sie mit Strom fuhr. Die Energie bezog sie aus einer seitlichen Stromschiene. Berlin gehörte damals zu den größten Städten der Welt, ein effektives öffentliches Verkehrsmittel war da unersetzlich. In der Regel machten Elektrotriebwagen die Berliner mobil. Ein weiterer bedeutender elektrischer S-Bahn-Betrieb war in Hamburg aufgebaut worden.
Für den Verkehr auf den Regionalstrecken wurden vor allem Tenderloks herangezogen. Bei dieser Bauart waren alle Betriebsstoffe mit an Bord und ein eigener Tender war nicht notwendig. Für die kürzeren Strecken reichten die Kohlen und das Wasser aus. Der große Vorteil der Tenderloks war ihre bessere Beweglichkeit. Sie konnten auch problemlos die Fahrtrichtung wechseln und den bisher gezogenen Zug schieben. Damit wurde ein aufwendiges Umsetzen vermieden.

ET 165 der Berliner S-Bahn von 1927.

Viele Nebenbahnen hatten schmale Spurweiten, so auch die Bahn zwischen Biberach und Ochsenhausen in Oberschwaben, die man das „Öchsle" nennt.

Die 01 war die wichtigste Einheits-Baureihe der Reichsbahn im Schnellverkehr.

Das Zeitalter der Einheitsloks

Am 1. Oktober 1922 nahm das Vereinheitlichungsbüro der Reichsbahn seine Arbeit auf. Ziel war es, die große Zahl der verschiedenen Bauarten aus der Länderbahnzeit durch einheitlich konstruierte Loktypen zu ersetzen. Dieses Büro sollte eng mit den erfahrenen Herstellern zusammenarbeiten, um möglichst wartungsfreundliche, leistungsfähige Dampfloks zu entwickeln.

Die Einheitsloks der Deutschen Reichsbahn gehören zu den Höhepunkten der Eisenbahngeschichte. Einer ihrer Stars war bereits von Beginn an dabei: die Baureihe 01, die den Schnellzugverkehr verbessern sollte. Sie erreichte Geschwindigkeiten bis zu 130 km/h und wurde vor allem in Nord- und Mitteldeutschland stationiert. Die letzte Maschine wurde in der DDR erst 1982 außer Dienst gestellt.

Als kleinere Version der 01er wurde ab 1930 die Baureihe 03 produziert. Ihr Bau wurde nötig, weil die große Schwester für viele Strecken zu schwer war.

Auch für den Güterverkehr wurden Einheitsloks entwickelt. Es begann mit den Baureihen 43 und 44. Als schwerere, aber nur vierachsige Version kam ab 1936 die 41er zum Einsatz. Bemerkenswert an diesen Loks war, dass sie mit einer Höchstgeschwindigkeit von 90 km/h auch für den Personenverkehr eine geeignete Alternative boten. Die letzten Loks dieser Baureihe erreichten erst 1988 ihr Rentenalter.

Die stärkste der Einheits-Güterzugloks war zugleich eine der problembehaftetsten. Sie kam gleichzeitig mit der 41er heraus. Leider erwies sie sich wegen ihrer zu langen Kessel als sehr wartungsintensiv, weshalb der Hersteller Henschel lediglich 26 Exemplare der Baureihe 45 herstellen durfte. Für Strecken mit geringerer Achslast wurde ab 1939 die Baureihe 50 produziert. Sie bewährte sich nicht nur im Güterverkehr hervorragend.

Viele ältere Maschinen wurden in den Rangierbetrieb abgegeben oder auf Nebenstrecken verbannt. Aus diesem Grund spielten neue Tender- und Rangierloks keine so große Rolle im Einheitslokprogramm.

Die Baureihe 43 prägte lange Jahre den deutschen Güterverkehr.

Ursprünglich waren die Loks der Baureihe 03^{10} mit einer Stromlinienverkleidung versehen. Doch die wurde nach dem Zweiten Weltkrieg entfernt.

Elektroloks – die moderne Bahn

Anfang des 20. Jahrhunderts waren bereits in Preußen, Bayern und Baden Elektrolokomotiven zum Einsatz gekommen. Leider würgte der Erste Weltkrieg dieses junge Pflänzchen schnell wieder ab. Doch auch die Reichsbahn hatte die Vorteile der Elektrotraktion erkannt und förderte sie so gut es ging. Ihre erste Blütezeit erlebte die Elektrolok in den zwanziger Jahren, als die Geschichte wieder in etwas ruhigeres Fahrwasser getreten war.
Eine der frühen Personen- und (vor allem) Güterzugloks der zwanziger Jahre war die E 77, die im Raum Halle und in Süddeutschland fuhr. Sie hatte einen Stangenantrieb, also noch keine später üblichen Drehgestelle, und wurde 1924 erstmals eingesetzt.
Als leichtere Mehrzwecklok entstand ab 1932 die E 44, die mit Abkehr vom Goßmotor zu Einzelachsantrieb nicht nur für den endgültigen Durchbruch der E-Lok-Technik sorgte, sondern auch mit ihrer Achsfolge Bo'Bo' (vier Achsen auf zwei Drehgestellen) Maßstäbe setzte. Sie bediente die Hauptstrecke München–Stuttgart und viele andere wichtige Destinationen.
Neben der E 94 als Güterzuglok, der E 44 als Personenzuglok und der E 63 als Rangierlokomotive gehörte als Schnellzuglokomotive die E 18 zum Kader der ersten Einheits-Elektroloks vor dem Zweiten Weltkrieg. Sie kam überwiegend im gut ausgebauten süddeutschen Netz zum Einsatz, doch auch im Raum Halle und in Schlesien wollte man auf ihre Dienste nicht verzichten. Sie erreichte 150 km/h. Von dieser viermotorigen Maschine wurden 55 Stück gebaut, zwei davon noch in der Nachkriegszeit. Ihre stärkere Schwester war die E 19, damals die stärkste Einrahmenlok der Welt, die Geschwindigkeiten bis zu 200 km/h erreichte.
Eine der wichtigsten Strecken, die bereits in den dreißiger Jahren elektrifiziert wurden, war die Verbindung zwischen Stuttgart und München. Abgesehen von Schlesien traf man hingegen in Preußen keine elektrifizierten Strecken an. Das lag sicher vor allem an dem Kohlereichtum dieses Landes.
In Deutschland setzte man hauptsächlich auf das 15 kV / 16 $^{2}/_{3}$ Hz Wechselstromsystem, das auch in Österreich, der Schweiz und Skandinavien bevorzugt wurde. Andere Länder wie England, Frankreich oder Italien bauten dagegen Gleichstromnetze auf.

Die E 44 war eine ab 1932 gebaute Mehrzwecklok, die lange Jahre Stuttgart und München verband. Die Anordnung von vier Achsen auf zwei Drehgestellen war wegweisend.

Als Schnellzuglok setzte die E 18 mit Geschwindigkeiten bis zu 150 km/h neue Maßstäbe.

Die E 94 war in der Reihe der Einheitsloks für den Einsatz vor Güterzügen gebaut worden.

Triebwagen für nah und fern

Schon in den Jahren, die dem Ersten Weltkrieg unmittelbar vorausgingen, begann die Geschichte der deutschen Triebwagen. In erster Linie erfüllten sie damals Aufgaben im S-Bahn- und Regionalverkehr. Der preußische Triebwagen-Zug ET 831/832 aus dem Jahr 1914 bediente auf dem elektrifizierten Netz in Schlesien die Haupt- und Nebenstrecken. Teilweise zog er sogar Güterwagen mit.
Noch im 19. Jahrhundert war es zur Entwicklung von Dampftriebwagen gekommen, doch die konnten sich nicht durchsetzen. Anders sah das mit Fahrzeugen aus, die einen Elektroantrieb besaßen. Bereits der Siemens-Weltrekordtyp von 1903 war ein Triebwagen. Diese Traktionsart war zunächst im städtischen Verkehr weiter genutzt worden. Berlin setzte zum Beispiel auf eine große Zahl der ab 1922 beschafften ET 169. So entstand eine echte Tradition im Bau elektrisch betriebener Schienenfahrzeuge. Auch im regionalen Schienenverkehr kam es nun öfter zum Einsatz von Elektrotriebwagen.
Einen neuen Weg ging Franz Kruckenberg, der mit seinem Schienenzeppelin weltweit für Aufsehen sorgte. Er plante einen Schnellverkehrstriebwagen, der mit einem Verbrennungsmotor angetrieben werden sollte. Der SVT 137 155 brachte es aber Ende der dreißiger Jahre nur noch auf 13 Exemplare.
1932 hatte die Firma WUMAG einen dieselelektrischen Triebwagen präsentiert, der aerodynamisch gestaltet war und mit einer Spitzengeschwindigkeit von bis zu 165 km/h Berlin mit Hamburg verband. Sehr schnell nannte man den Zug mit dem VT 877 „Fliegender Hamburger“.
Es folgten weitere Triebwagenmodelle, die alle die Bezeichnung SVT 137 trugen. VT ist die Abkürzung für Verbrennungs-Triebwagen, das ‚S‘ davor bezeichnet wie ein paar Jahre früher bei den Dampfloks den Schnellverkehr. Die schlanken Fahrzeuge, aus denen kein Rauch entwich, wirkten damals sehr modern, weshalb die Reichsbahn gerne mit ihnen warb.

Der „Fliegende Hamburger“ war der Schnellverkehrstriebwagen, mit dem die Reichsbahn gerne warb. Er verband die Hansestadt mit Berlin und war lange der schnellste Dieselzug der Welt.

Zwischen Berlin und Frankfurt am Main war der „Fliegende Frankfurter“ unterwegs.

Dieselloks der Reichsbahnzeit

Abgesehen von erfolgreichen Einsätzen dieser Dieseltriebwagen ist es im deutschen Bahnverkehr erst nach dem Zweiten Weltkrieg zu nennenswertem Dieselbetrieb gekommen. Lediglich bei Rangierloks, die mit geringerer PS-Leistung auskommen, wurden größere Stückzahlen gebaut.

Auch Elektrotriebwagen spielten eine Rolle. Der ET 31 zum Beispiel wurde ab 1935 im Fernverkehr eingesetzt.

Die Historie in der Übersicht

Der Salonwagen des „Rheingold“ um 1930 bot Platz und Bequemlichkeit.

Der „Rheingold“ wurde in den zwanziger und dreißiger Jahren zum Synonym für Bahnluxus.

Luxus – für Wenige

Die Eisenbahn war früher im Gegensatz zu heute für die Reichen und Berühmten, des Geburts- und Geldadels das wichtigste Fahrzeug. Die gekrönten Häupter verfügten über einen Wagenpark verschwenderisch ausgestatteter Salonwagen, in denen sie wie in einer Suite leben konnten. Gegen saftiges Entgelt stellte die Bahn auch Sonderzüge zur Verfügung, die man wie ein Taxi nutzen konnte.
Der Luxus sollte aber auch den regulären Strecken zugute kommen. Die Bahngesellschaften der Welt richteten hochwertige Züge ein, die dem betuchten Fahrgast jeden erdenklichen Komfort sichern konnten. Eines der berühmtesten Beispiele war der Orientexpress. Auch die Reichsbahn bot Züge weit jenseits der Holzklasse an. 1923 führte sie den FD-Zug ein, der lediglich zwei Klassen anbot und mit höherer Geschwindigkeit fuhr.
Ein echter Luxuszug bekam allerdings das aus der Musik gelernte verdoppelte „F“: Der FFD-Zug war aus der Taufe gehoben worden: Noch schneller, mit den besten Lokomotiven bespannt, von der Mitropa mit höchster Priorität betreut, das war der neue „Rheingold“, der am „deutschen Strom“ entlang die Schweiz mit Holland verband.
Die 1928 vorgestellten „Rheingold“-Wagen waren 23,5 Meter lang. Sie wurden mit exquisiten Polstersitzen und einer Bordküche ausgestattet, dank der eine Bedienung des Passagiers am Platz möglich wurde. Ab 1931 wurden die Wagen nicht mehr genietet, sondern geschweißt. Sie waren violett und beigefarben lackiert.
Ein etwas kleinerer Luxus bot sich den Passagieren in den bayerischen Alpen. Nur in zwei Exemplaren wurde 1935 der legendäre „Gläserne Zug“ ET 91 gebaut. Er machte dank seiner Panoramascheiben Ausflüge mit Tanzmusik ins Gebirge zu einem unvergesslichen Erlebnis.

Schnellverkehr und Weltrekord

Bereits 1904 stellte Henschel mit der T 16 die erste Dampflok mit Stromlinienverkleidung vor. Ihr Gewicht hatte einen Erfolg verhindert, denn die bestehenden Schienenwege konnten sie nicht tragen. Die Idee der aerodynamisch verbesserten Form durch eine Blechverkleidung geriet für einige Jahre in Vergessenheit. Erst in den frühen dreißiger Jahren wurden wieder Anstrengungen unternommen, die Lokomotiven windschnittiger zu machen. In Deutschland gab ein so kurios wie futuristisch anmutendes Fahrzeug den Anstoß. Der Triebwagen mit Flugzeugmotor und Druckpropeller von Franz Kruckenberg erhielt den Namen Schienenzeppelin. Mit diesem Fahrzeug konnte ein Geschwindigkeitsweltrekord für Schienenfahrzeuge aufgestellt werden: Am 21. Juni 1931 erzielte er auf der Strecke Hamburg–Berlin eine Geschwindigkeit von 230,3 Stundenkilometern.
Wie auch im Auto- oder Flugzeugbau gab es Überlegungen, die konventionellen Dampfloks möglichst aerodynamisch zu gestalten. Das Ergebnis waren die berühmten Stromlinienloks. Sie gelten als ein Höhepunkt der Dampfloktechnik.
In Deutschland begann die Ära der Stromlinienloks bei Borsig mit der Baureihe 05, die rechtzeitig zum Olympiajahr 1936 aufs

Für einen gelungenen Ausflug in die herrliche Berglandschaft Bayerns sorgte der „Gläserne Zug“.

Stromlinienloks wie die 01^{10} prägten in den dreißiger Jahren den deutschen Schnellverkehr.

Der Schienenzeppelin erzielte einen Weltrekord.

Bahnluxus war schon damals nicht billig.

Arbeiten oder Fenstergucken im Kanzelwagen.

230,3 km/h erreichte der Schienenzeppelin 1931 auf einer Fahrt zwischen Hamburg und Berlin.

Gleis gesetzt werden konnte. 05 002 überbot am 17. Mai 1936 als erste Dampflok der Welt die Marke von 200 Stundenkilometern. Sie hatte einen riesigen Treibraddurchmesser von 2.300 Millimetern und eine komplette Stromlinienverkleidung.
In Kassel war bei Henschel fast gleichzeitig eine verkleidete Tenderlok entstanden, die bei der Reichsbahn unter der Baureihe 61 in zwei Exemplaren eingereiht wurde. Diese beiden Lokomotiven führten den berühmten Henschel-Wegmann-Zug zwischen Berlin und Dresden. Diese Loks erreichten auf einer Probefahrt um die 187 Stundenkilometer. Der Zug verkehrte zwischen den beiden Städten in 98 Minuten.
1939 wurden aus den beiden Schnellzugloks 01 und 03 zwei Stromlinienvarianten entwickelt, die als Baureihen 01^{10} und 03^{10} in Dienst gestellt wurden. Der Krieg verhinderte größere Erfolge. Zusammen entstanden etwas über 100 Loks.

Den Gipfel der Stromlinienentwicklung sollte die ebenfalls 1939 vorgestellt Baureihe 06 von Krupp bilden. Doch sie war zu lang, verursachte einen hohen Instandhaltungsaufwand und entgleiste gern.
Die schnellste Lok nützt natürlich nicht viel, wenn sie nicht Waggons angehängt bekommt, die bei solchen Geschwindigkeiten ihre Laufruhe bewahren und genügend Fahrkomfort bieten. Aus diesem Grund wurden 1935 die „Schürzenwagen" eingeführt. Diese schnittigen Wagen erlaubten Zuggeschwindigkeiten von bis zu 150 km/h. Sie hatten eine weit über die Puffer gezogene und zwischen den Drehgestellen heruntergezogene Außenhaut und bündig abschließende Türen und Fenster. Weil der Gleiszustand nach dem Krieg höhere Geschwindigkeiten nicht mehr erlaubte, war die Stromlinienverkleidung überflüssig und wurde abgenommen. Bis zu einer neuen Jagd nach Geschwindigkeiten dauerte es in Deutschland noch länger.

Die Historie in der Übersicht

Die Reichsbahn im Krieg

War der Erste Weltkrieg für die deutsche Eisenbahn schon eine schlimme Zäsur, so sollte sich die Entwicklung im Zweiten Weltkrieg zu einer echten Katastrophe ausweiten.
Um die nötigen Transportkapazitäten zu schaffen, mussten neue Lokomotiven gebaut werden. Als Güterlok wurde die Baureihe 50 in großen Mengen produziert. Diese wurde später „entfeinert" und in einer einfacheren Form weitergebaut, ehe es zur Produktion der Kriegslokomotiven kam. Als wichtigste gilt die Baureihe 52, die dank der in dieser Zeit hergestellten Exemplare viele Jahre lang den Titel der meistgebauten Dampflok der Welt trug.
Je weiter die Wehrmacht ihren Machtbereich in Europa ausdehnte, desto mehr wurden die Lokomotiven beansprucht. Von der französischen Grenze zu Spanien bis kurz vor Moskau hatte die Reichsbahn vielfältige Transportaufgaben, über die der Eisenbahnfreund trotz der hervorragenden logistischen Leistung nicht stolz sein kann, denn von Nahrungsmitteln, Beutekunst und Soldaten über Kriegsgefangene, verschleppte Arbeitssklaven und Fahrten in die NS-Vernichtungslager transportierten die Reichsbahner alles, was man ihnen in die Waggons packte.
Natürlich blieb den Verantwortlichen nichts anderes übrig, als das Rollmaterial gnadenlos auf Verschleiß einzusetzen. Die Arbeitskolonnen der Reichsbahn und Soldaten mussten wieder einmal die russische Breitspur auf Normalspur umnageln. Beim Rückzug wurde der Befehl der „verbrannten Erde" ausgeführt: Nichts durfte dem Feind unzerstört in die Hände fallen. Berühmt-berüchtigt waren die Einsätze des Schienenwolfs, einem Gerät, das am letzten Wagen angebracht war, um die Schwellen herauszureißen und den Schienenstrang zu vernichten. Aufzubauen hatten das nach dem Krieg die gefangenen Soldaten in sowjetischer Hand.
Mit dem Rückzug der deutschen Truppen war es dann soweit, dass deutscher Boden in der Reichweite amerikanischer und britischer Bomberverbände lag. In großem Maßstab wurde damit begonnen, Industrieanlagen, Wohngebiete und Infrastruktur zu zerbomben. Die Amerikaner hatten die Aufgabe, bei Tagangriffen möglichst punktuelle Ziele zu treffen. Besonders wichtig waren hierbei die Rüstungsbetriebe und Bahnanlagen. Tiefflieger machten Jagd auf fahrende Züge, die mit eigener Flakabwehr ausgerüstet wurden.
Als der Krieg zu Ende war, lagen die meisten wichtigen Bahnhöfe in Trümmern, viele Gleisanlagen erlitten beträchtliche Schäden. Der Glanz der Reichsbahn und ihrer Loklegenden war dahin.

Wie der Bahnhof von Kleve sahen 1945 nach amerikanischen Luftangriffen die meisten deutschen Bahnhöfe aus. Der Wiederaufbau sollte Jahre dauern.

Die weißen Ringe wurden im Krieg für eine bessere Sicht beim Rangieren bei Verdunklung auf die Puffer der 78 gemalt.

Die Kriegslok der Baureihe 52 wurde zu einer der meistgebauten Loktypen der Welt, hier eine nach dem Krieg umgebaute DR-Maschine mit Mischvorwärmer.

Die 01, hier noch mit den großen Wagner-Windleitblechen, bewältigte den Schnellverkehr der jungen Bundesbahn vor allem im Norden Deutschlands.

Die Deutsche Bundesbahn

Das Ende des Zweiten Weltkriegs und der Wiederaufbau der zerstörten Infrastruktur stellten auch für die Bahn in Deutschland einen Neubeginn dar. Zuerst ging es darum, die Trümmer zu beseitigen, die beschädigten Gleise befahrbar zu machen und die zerstörten Bahnhöfe wieder aufzubauen. Dies war angesichts von Restriktionen der Besatzungsmächte, Materialknappheit und fehlenden Transportmöglichkeiten kein leichtes Unterfangen. Auf den wenigen funktionsfähigen elektrifizierten Strecken musste der Betrieb immer wieder wegen Stromknappheit unterbrochen werden.

Eine zentrale Verwaltung der Reichsbahn gab es in den ersten Jahren nach Kriegsende nicht mehr. Die Bahnen in den vier Besatzungszonen waren auf sich allein gestellt. Im Zuge der Bestrebungen, eine gemeinsame Wirtschaftszone aus den amerikanisch und britisch besetzten Zonen zu errichten, wurden schon zum 1. Oktober 1946 die Schienennetze der beiden Besatzungsgebiete vereinigt. Später wurde die Bezeichnung „Deutsche Reichsbahn im vereinigten Wirtschaftsgebiet“ eingeführt.

Ein wichtiges Datum für die westdeutsche Wirtschaft, und damit auch für die Eisenbahn, war der 21. Juni 1948. In den westlichen Besatzungszonen wurde an diesem Tag die Deutsche Mark eingeführt. Mit der Währungsreform wurde ein wichtiger Grundstein für eine Entwicklung gelegt, die als das Wirtschaftswunder in die Geschichte Westdeutschlands einging. Ein Stück Neubeginn stellte auch die Gründung der „Deutschen Schlaf- und Speisewagen-Gesellschaft“ (DSG) am 25. Januar des folgenden Jahres dar. Die DSG mit Sitz in Frankfurt löste die MITROPA als Versorgungsbetrieb für die Fahrgäste in den Zügen und Bahnhöfen ab.

Am 24. Mai 1949 trat das Grundgesetz der Bundesrepublik Deutschland in Kraft. Damit entstand ein föderaler Staat in den drei

1950, Hauptbahnhof Frankfurt am Main.

Die Baureihe 043 wurde aus auf Ölfeuerung umgebauten Loks der Baureihe 44 gebildet.

Die Diesellok V 100 wurde vor allem für den leichten Personen- und Güterverkehr eingesetzt.

westlichen Besatzungszonen, während sich der sowjetisch besetzte Teil politisch, wirtschaftlich und auch in Bezug auf den Reiseverkehr nach Westen hin abschottete. Der 7. September des gleichen Jahres gilt als der Geburtstag der Deutschen Bundesbahn. Zu diesem Datum wurde der Beschluss der neuen Bundesregierung gültig, die Bezeichnung „Reichsbahn" durch den neuen Namen zu ersetzen. Die Bahnen der westlichen Zonen wurden nun endgültig fusioniert.

Dampflokomotiven blieben vorerst noch die wichtigsten Zugmaschinen der Bahn. Neue Baureihen wurden bis 1959 hergestellt. Es gab noch einige beträchtliche Fortschritte in dieser Technik. Ab 1951 wurden Dampflokomotiven mit dem bereits in den dreißiger Jahren entwickelten Franco-Crosti-Abgasvorwärmer ausgestattet. Bei dieser Technik wurde das Kesselspeisewasser durch die Rauchgase im Abgasvorwärmer erhitzt, was eine Brennstoffersparnis von ungefähr 20 Prozent ermöglichte.

Einen weiteren Schritt nach vorne stellte der zunehmende Einsatz von Wendezügen dar. Dabei befand sich an einem Ende des Zuges die Lokomotive, am anderen Ende war ein Steuerwagen angekoppelt. Der Zug konnte von der Lokomotive gezogen oder geschoben werden. In der schiebenden Lok befanden sich ein Lokbediener und ein Heizer. Die Fahranweisungen wurden vom Lokführer vom Steuerwagen aus erteilt. Durch die Möglichkeit, in beide Richtungen zu fahren, entfiel das aufwendige Rangieren, was eine Kosten- und Zeitersparnis mit sich brachte.

Die modernen Diesellokomotiven

Obwohl nach wie vor Dampflokomotiven hergestellt wurden, war in den fünfziger Jahren schon offensichtlich, dass die Zeit dieser Traktion bald vorbei war. Der Dieselmotor trat auch auf der Schiene seinen Siegeszug an. Ab 28. November 1951 kam das erste Exemplar der modernen Baureihe V 80 zum Einsatz. Im folgenden Jahr begannen weitere Loks vom Typ V 80 ihren Dienst anzutreten. Gebaut wurden die Dieselloks je zur Hälfte von Krauss-Maffei in München und von Maschinenbau Kiel (MaK). Es waren jedoch nur zehn Exemplare, die aus den Werkshallen rollten. Wesentlich erfolgreicher war die Baureihe V 100, deren erste Exemplare 1958 den Dienst antraten und die drei Jahre später bei MaK, Krauss-Maffei, KHD, Henschel, Krupp, Jung und der Maschinenfabrik Esslingen in Serienproduktion ging. Die Lok wurde in zwei Ausführungen gebaut. Als V 100^{10}, später Baureihe 211, erbrachte sie eine Dauerleistung von 809 kW und fand vor allem im leichten Reiseverkehr und im Gütertransport ein Einsatzfeld. Die 993 kW leistende V 100^{20}, die später als Baureihe 212 geführt wurde, kam auf Haupt- und Steilstrecken zum Einsatz. Insgesamt wurden 745 Exemplare der V 100 hergestellt.

Ebenfalls von Krauss-Maffei und MaK wurde die Baureihe V 200 produziert. Die ab 1968 als Baureihe 220 bezeichneten Loks boten eine Dauerleistung von 1.618 Kilowatt und waren für den Einsatz auf Hauptstrecken konzipiert. Die ersten Exemplare wurden 1953 gefertigt. Drei Jahre später begann die Serienfertigung.

Die ersten Vorserienexemplare der V 160, der späteren Baureihe 216, wurden 1960 hergestellt. Wegen der rundlichen Form des Fahrzeugkopfs erhielten sie in Anspielung auf die Schauspielerin Gina Lollobri-

Die zahlreichen Bahnschranken wurden zunehmend zum Hindernis für den wachsenden Kraftfahrzeugverkehr.

Bis zu 140 km/h war die Diesellok V 200 schnell. Die letzten Exemplare wurden 1984 ausgemustert.

Die Güterzuglok E 40 konnte eine Höchstgeschwindigkeit von 100 Stundenkilometern erreichen.

Die E 10 1239 wurde 1962 in Dienst gestellt und ab 1968 der Baureihe 110 zugeordnet. Die Lok steht heute im Museum Bochum Dahlhausen und trägt nach mehreren Änderungen auch wieder die „Rheingold-Farben" der 60iger Jahre: Creme und Kobaltblau.

gida den Spitznamen „Lollo". 1964 begann die Serienproduktion. 224 Exemplare der 1.400 Kilowatt leistenden Diesellokomotive wurden bei Krauss-Maffei, MaK, Krupp, Henschel und KHD gefertigt.

Die Elektrifizierung der Bahn

Die Erfolge der Elektrotraktion erreichten in der Nachkriegszeit neue Höhepunkte. Von der Reichsbahn hatte die Deutsche Bundesbahn über 400 Elektroloks übernommen. Allerdings war unmittelbar nach dem Zweiten Weltkrieg fast die Hälfte davon nicht einsatzfähig. In den ersten Nachkriegsjahren ging es lediglich darum, die beschädigten elektrifizierten Strecken wieder verkehrstauglich zu machen. Aber schon bald wurden vom Wirtschaftswachstum beflügelt immer mehr Gleise mit Oberleitungen versehen. 1950 war nur ein Zwanzigstel des Schienennetzes für den Einsatz von Elektrolokomotiven tauglich. 1965 befanden sich bereits zwanzig Prozent unter einem Fahrdraht, und 1975 waren es schon über ein Drittel. Dabei lag das Schwergewicht noch im Süden.

1950 beschloss die Bundesbahn, eine elektrische Mehrzwecklokomotive einzuführen. Mehrere Unternehmen wurden mit der Entwicklung beauftragt. Die Baureihe bekam die Bezeichnung E 10. 1952 standen fünf Modelle mit unterschiedlicher Ausführung als Baureihe E 10^0 zur Verfügung. Nach umfangreichen Tests begann 1956 die Produktion der Baureihe E 10^1. Die großen runden Fahrleuchten der Lokomotiven wurden später durch kleinere Doppelleuchten ersetzt (Baureihe E 10^2). Nach einer stromlinienförmigeren Gestaltung des Lokkastens wurden die Modelle als E 10^3 bezeichnet. Ab 1968 wurden alle E-10-Lokomotiven zur Baureihe 110 gezählt.

Während die E 10 für den Schnellzugverkehr vorgesehen war, kam die E 40, die 1957 in Serienfertigung ging, im Gütertransport zum Einsatz. 879 Exemplare dieser vierachsigen Lok wurden bis 1973 hergestellt. Damit war sie die meistgebaute Elektrolokomotive der Bundesbahn.

Etwas leichter war die E 41, die für den Einsatz auf Nebenstrecken konzipiert war. Im Gegensatz zu den 83 Tonnen Dienstmasse der E 40 wog sie anfangs 66,4 Tonnen und in einer späteren Ausführung 72,5 Tonnen. Von 1956 bis 1971 wurden 451 Exemplare in Dienst gestellt.

Für den schweren Güterzugbetrieb wurde die E 50 eingeführt. Die 4.500 Kilowatt leistende Lok besaß eine Dienstmasse von 126 Tonnen. Von 1957 bis 1973 wurden von der später als Baureihe 150 geführten Lok 194 Exemplare hergestellt.

Für eine schnelle Verbindung zwischen vielen europäischen Großstädten sorgte ab 1957 der Trans Europ Express.

Schnell und komfortabel

Die Bundesbahn befand sich von Anfang an in einer schwierigen Position. Sie musste die vorgeschrieben Ziele, einerseits nach kaufmännischen Grundsätzen zu arbeiten und andererseits „gemeinwirtschaftliche Aufgaben" zu erfüllen, miteinander kombinieren. Zudem entstand der Bahn durch den Individualverkehr ein mächtiger Rivale. Das Wirtschaftswachstum und der steigende Wohlstand ermöglichten bereits in den fünfziger Jahren die Motorisierung eines großen Teils der Bevölkerung. Die Automobilbranche wuchs zu einem bedeutenden Faktor der westdeutschen Wirtschaft heran. Die Weichen waren zugunsten des Individualverkehrs gestellt, und die staatlichen Investitionen flossen mehr in den Straßenbau als in den Ausbau des Schienennetzes. Wer schnell an sein Ziel gelangen musste und die nötigen finanziellen Mittel besaß, konnte zudem ein Flugzeug besteigen. Ab 1955 bot die Lufthansa auch Inlandsflüge an.

Urlaubsverkehrsmittel Nummer 1: der Zug.

Aber die Bahn gab sich nicht so einfach geschlagen. Sie musste schneller und attraktiver werden, um im Wettbewerb bestehen zu können. Ab 1952 sorgte der Fernschnellzug „Blauer Enzian" für eine komfortable Verbindung zwischen Hamburg und München. Gezogen wurde der Zug anfangs von einer Dampflokomotive, später von einer V 200. Einen für die damalige Zeit ungewöhnlichen Komfort bot die Klimaanlage. Aber auch den Fahrgästen der Nahverkehrszüge versuchte die Bahn mehr Annehmlichkeiten zu bieten, indem sie die Holzbänke durch gepolsterte Sitze ersetzte.
Europa wuchs wirtschaftlich immer mehr zusammen. Um eine schnelle Verbindung zwischen den europäischen Großstädten zu ermöglichen, fanden sich 1954 die Eisenbahngesellschaften Deutschlands, Frankreichs, Italiens und anderer mitteleuropäischer Länder zusammen, um die Trans-Europ-Express-Kommission zu

Schienenbusse bedienten die Nebenstrecken.

gründen. 1957 starteten die ersten TEE-Züge. Allerdings setzte jede der nationalen Bahnen ihre eigenen Triebfahrzeuge ein. Auf deutscher Seite waren es der von 1952 bis 1954 gebaute Schnelltriebwagen VT 08 und der 1957 hergestellte VT 11^5. Als Fahrgäste hatte man mehr Geschäftsreisende als Urlauber im Sinn, weswegen mit dem TEE nur erster Klasse gereist werden konnte.

Neue Herausforderungen

Die steigenden Kohlepreise führten unterdessen auch bei den Dampflokomotiven zu Neuerungen. 1954 wurde die erste Lokomotive mit einer Ölhauptfeuerung ausgestattet. Es handelte sich um die Schnellzuglok 01 1100. Als Brennstoff fand schweres Heizöl Verwendung. Die

Neue Baureihenbezeichnungen

1968 wurden die Baureihen der Deutschen Bundesbahn umbenannt, um ihnen eine computerlesbare Form zu geben. Jede Lokomotive bekam nun eine dreistellige Baureihennummer. Die erste Ziffer bezeichnete die Fahrzeugart: 0 stand für Dampf-, 1 für Elektro-, 2 für Brennkraftlokomotiven und so weiter. So wurde beispielsweise aus der E 10 die Baureihe 110.

Die 103 beherrschte lange Jahre den schnellen Fernverkehr der Bundesbahn.

Die E 40 in der Lackierung ab 1974.

Erste Drehstromlok der Welt: Baureihe 120.

Die Diesellok 218 wurde in den siebziger Jahren produziert. Sie fährt im Nahverkehr.

Ölfeuerung hatte neben der Kostensenkung mehrere entscheidende Vorteile. Die Betankungs- und Anheizzeiten waren relativ kurz. Der Betrieb mit Öl war sauberer als mit Kohle, und die Verschmutzung des Zugs durch Ruß war geringer. Der Heizer wurde körperlich entlastet, und bestimmte Arbeiten, wie das Rohrblasen und das Ausschlacken, sowie Gerätschaften, wie Schaufeln und Schürgeräte, entfielen ganz.

Aber die Zeit der Dampflokomotiven ging nun endgültig zu Ende. 1959 wurde mit der 23 105 das letzte Exemplar dieser Zugmaschinen in Dienst gestellt. Anfang der sechziger Jahre wurden noch ungefähr 53 Prozent der Triebfahrzeugkilometer von dieser Traktionsart geleistet. Etwa 25 Prozent entfielen auf die Elektrotraktion und 22 Prozent auf die Dieseltraktion. Der Anteil der Dampfloks schwand schnell. Der Grund dafür lag nicht nur bei den Kosten, sondern auch bei der zunehmenden Leistungsfähigkeit der anderen Traktionsarten. 1965 begann die Bundesbahn die vier Exemplare der Schnellfahrlokomotive E 03 zu erproben. Die Elektroloks erreichten eine Höchstgeschwindigkeit von 200 Stundenkilometern und eine Dauerleistung von 5.940 Kilowatt. Als Baureihe 103[1] ging die Lok 1970 in Serienproduktion. Die Dauerleistung lag im Fall der Serienausführung bei 7.440 Kilowatt.

Einen Sprung nach vorne unternahm die Bundesbahn mit dem Fahrplanwechsel am 26. September 1971. An diesem Tag begannen die Intercity-Züge aus den Bahnhöfen zu rollen. 33 Städte wurden auf vier Strecken mit den neuen Fernschnellzügen im Zweistundentakt verbunden. Als Zugmaschinen der Intercitys dienten unter anderem Loks der Baureihe 103. Sie hätten eine Höchstgeschwindigkeit von 200 Stundenkilometern erzielen können. Da aber die Strecken wegen fehlender Finanzmittel nicht entsprechend ausgebaut werden konnten, blieb es vorerst bei einer Spitzengeschwindigkeit von 160 km/h. Als Zielgruppe des Intercity galten vor allem Geschäftsreisende, weshalb auch diese Züge nur mit erster Klasse fuhren. Das Konzept schien anfangs aufzugehen, denn die Anzahl der Fahrgäste stieg im Bereich des Fernverkehrs innerhalb von drei Monaten um 40 Prozent an. Aber der Flugverkehr wurde ebenso attraktiver und dank der steigenden Motorleistung der Pkw konnte man auf gut ausgebauten Autobahnen immer schneller ans Ziel kommen. Als Folge davon begann der Fernverkehr der Bundesbahn 1974 Verluste zu schreiben. Um aus diesem Dilemma zu kommen, mussten sich die Intercitys einem größeren, aber weniger zahlungskräftigen Kundenkreis öffnen. Ab 1976 fuhren die Intercitys auf einigen Strecken auch mit Wagen der zweiten Klasse. Drei Jahre später waren alle Züge mit zwei Klassen versehen. Zudem wurde 1979 im IC-Netz unter dem Motto „Jede Stunde, jede Klasse" der Stundentakt eingeführt.

Geschwindigkeitsrekorde

Ende der sechziger Jahre wollte man beim Bundesministerium für Verkehr die Entwicklung im Bahnverkehr weiter vorantreiben. Eine Hochleistungs-Schnellbahn sollte die Fahrzeiten weiter verkürzen. Bereits zwei Jahre später wurde auf einer Teststrecke in der Nähe von München der erste Prototyp eines neuen, zukunftsträch-

Mit dem ICE gelang ein erfolgreicher Einstieg in das Zeitalter der Hochgeschwindigkeitszüge.

Allrounder: Hochleistungslokomotive 101.

tigen Fahrzeugs vorgestellt. Es handelte sich um eine Bahn, die nicht mit Rädern auf Schienen fuhr, sondern mit Hilfe des Magnetismus oberhalb der Fahrbahn schwebte. Auf einer anderen Strecke erzielte ein Versuchsfahrzeug 1976 eine Geschwindigkeit von 401 Stundenkilometern. Die Idee der Magnetschwebebahn war bereits 1934 in einem Patent, das der Ingenieur Hermann Kemper erhalten hatte, beschrieben worden. Aber die Umsetzung erwies sich nicht als einfach. 1978 wurde das Konsortium Magnetbahn Transrapid gegründet. Als Standort für eine Versuchsstrecke wählte man das Emsland. Neben der hohen Geschwindigkeit sollten die Vorteile des Transrapid in dem geringeren Verschleiß, dem niedrigeren Energieverbrauch und der verringerten Lärmbelastung liegen.

Der Transrapid konnte zwar bei eindrucksvollen Testfahrten sein Potenzial vorzeigen, zum praktischen Einsatz kam er jedoch vorerst nicht. Die Weiterentwicklung des Bahnverkehrs fand mittlerweile im konventionellen Bereich statt. 1977 trat zum letzten Mal eine Dampflok ihre Dienstfahrt für die Bundesbahn an. Die moderne Elektronik und EDV veränderten die Arbeit der Bahn nachhaltig. Digitale Stellwerke sowie automatisch arbeitende Schranken und Weichen wurden eingeführt. Selbst viele Bahnberufe, wie etwa Streckengeher, entfielen.

Im November 1985 stellte die Bahn der Öffentlichkeit einen neuen Triebzug vor, der die Fahrzeiten weiter verkürzen sollte. Er besaß die Bezeichnung Intercity-Experimental oder auch „ICE V", das für „Intercity-Express Versuch" stand. Bei einer Testfahrt auf einer Neubaustrecke zwischen Würzburg und Fulda erzielte dieser Zug den Geschwindigkeitsweltrekord für Eisenbahnen von 406,9 Stundenkilometern. Den bisherigen Weltrekord hatte seit 1981 der französische TGV mit 380 km/h gehalten.

Dieser Erfolg konnte jedoch nicht darüber hinwegtäuschen, dass es der Bundesbahn nicht gut ging. Der Anteil der Bahn am Personenverkehr schrumpfte weiterhin, während der Flugverkehr und der motorisierte Individualverkehr zulegten. Den Verantwortlichen war klar, dass es mit technischen Verbesserungen allein nicht getan war. Es musste zu einer tiefer gehenden Bahnreform kommen.

Die Reichsbahn der DDR

Die Reichsbahn befand sich nach dem Zweiten Weltkrieg in der sowjetischen Besatzungszone in einer noch schwierigeren Situation als im Westen. Nicht nur waren die Bahnanlagen weitgehend zerstört, im Zuge von Reparationsleistungen wurden auch Anlagen abmontiert und in die Sowjetunion transportiert. Zweigleisige Strecken wurden zum größten Teil auf ein Gleis zurückgebaut. Der kurz nach Kriegsende wieder aufgenommene elektrische Betrieb musste 1946 auf Anweisung der Besatzungsmacht wieder eingestellt werden. Durch den Materialmangel verlief der Wiederaufbau im Osten bedeutend langsamer als im Westen.

Logo der Reichsbahn der DDR.

Die Magnetbahn galt als zukunftsweisend. Aber der Durchbruch blieb dem Transrapid trotz seines Geschwindigkeitsrekords bislang versagt.

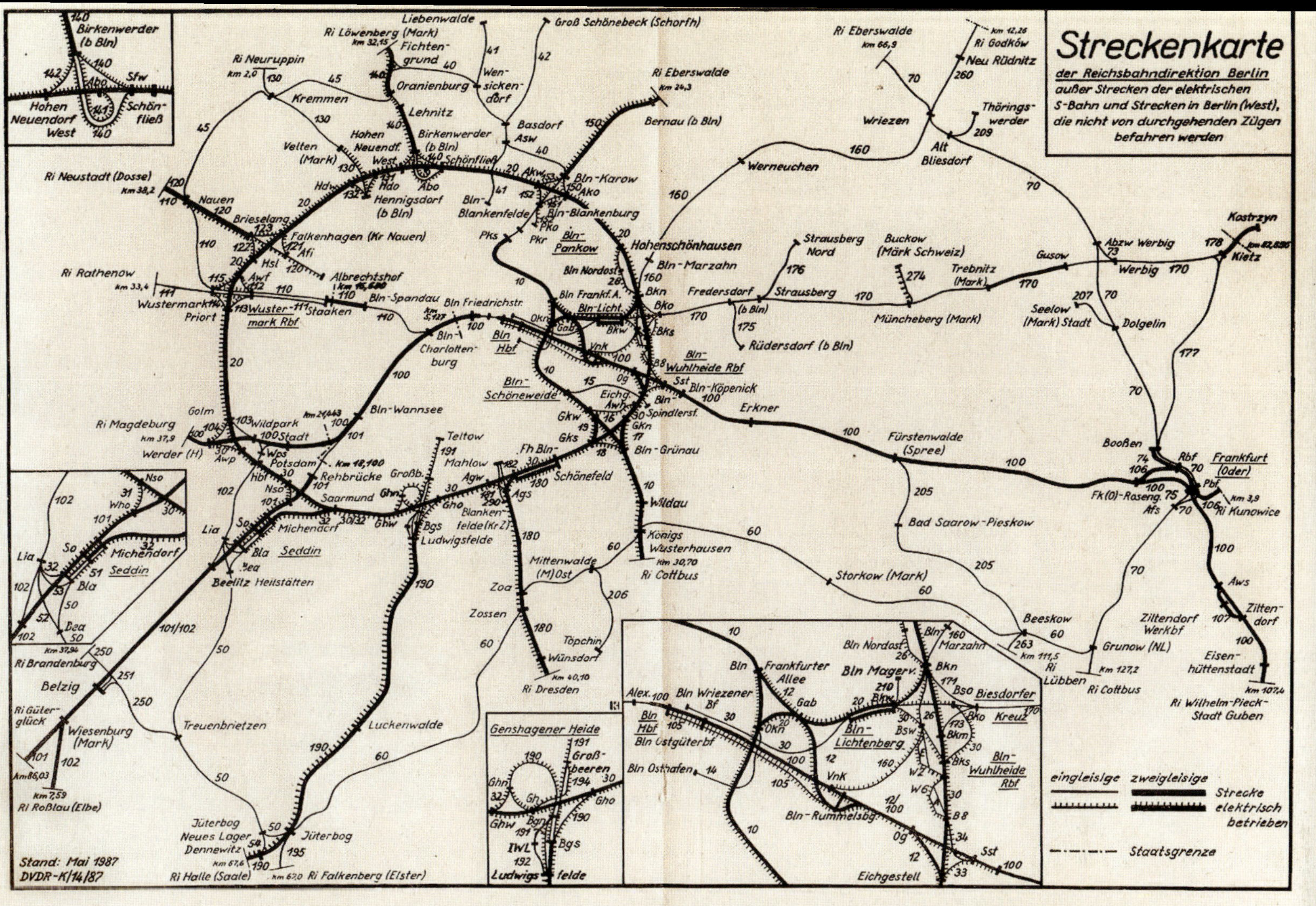

Die Staatsbahn der DDR übernahm den Namen und das Schienennetz der Deutschen Reichsbahn in ihrem Territorium.

Am 7. Oktober 1949 wurde auf dem Gebiet der sowjetischen Besatzungszone die Deutsche Demokratische Republik gegründet. Obwohl sich die DDR nicht als Nachfolgestaat des Dritten Reiches sah, behielt man die Bezeichnung „Deutsche Reichsbahn“ (DR) für die staatliche Eisenbahn bei. Dies hatte vor allem praktische und strategische Gründe. Der Eisenbahnbetrieb in der sowjetischen Besatzungszone und in Großberlin war 1945 mit Zustimmung der Westmächte der Deutschen Reichsbahn übertragen worden. Die DR beanspruchte damit den Betrieb der S-Bahn in allen vier Zonen Berlins. Außerdem war die Reichsbahn noch Mitglied verschiedener internationaler Organisationen. Ein erneutes Aufnahmeverfahren wollte man mit Beibehaltung des Namens vermeiden.

Auf Beschluss der vier Besatzungsmächte wurde der S-Bahn-Betrieb in ganz Berlin der Deutschen Reichsbahn und damit der DDR übertragen.

Eine Renaissance der Dampftraktion

Es waren vor allem Dampflokomotiven, die in der Anfangszeit bei der DR zum Einsatz kamen. Ein Problem stellte jedoch die Beschaffung der nötigen Kohle dar. Die DDR verfügte nur über wenige Steinkohlevorkommen, weswegen man auf die reichlich vorhandene, jedoch minderwertigere Braunkohle zurückgreifen musste. Um die Verfeuerung dieses Brennstoffes effizienter zu machen, wurden 1949 die ersten Lokomotiven mit einer Kohlenstaubfeuerung ausgestattet. Dabei wurde der Kohlenstaub in einem Wannentender mitgeführt. Von dort wurde er pneumatisch über einen Wirbelbrenner in den Feuerraum getragen. Für die Heizer bedeutete dies eine erhebliche Entlastung. In den folgenden Jahren wurden weitere Lokomotiven mit Kohlenstaubfeuerung ausrüstet. Schon vor der Gründung der DDR hatte man sich bei der ostdeutschen Reichsbahn Gedanken über einen Ersatz für die alternden Loks gemacht. Die vielseitige Einsetzbarkeit einer Maschine für den Reise- und Güterverkehr sollte eine möglichst hohe Stückzahl beim Bau ermöglichen und dadurch zur Kostensenkung beitragen. Die Universallok erwies sich jedoch nicht als praktikabel, weswegen es mehrere Baureihen waren, die 1954 vorgestellt wurden. Als Hauptbahnlokomotive galt die 65^{10}. Die Serienfertigung erfolgte von 1954 bis 1957 in dem VEB Lokomotivbau „Karl Marx“ in Babelsberg. 88 Exemplare kamen bei der Reichsbahn zum Einsatz. Sie dienten vor allem im Personenverkehr, wobei seit 1952 auch Doppelstockwagen eingesetzt wurden.

Die Historie in der Übersicht

Die 18 201 wurde im RAW Meiningen rekonstruiert und ist eine der schnellsten heute noch betriebsfähigen Dampflokomotiven der Welt.

Als „Nebenbahnlokomotive“ wurde die 83^{10} bezeichnet, denn zum Einsatzgebiet der 60 km/h schnellen Maschine gehörten vor allem die Nebenstrecken. Es waren jedoch nur 27 Exemplare, die von diesem Modell in den Jahren 1955 und 1956 hergestellt wurden. An der 83^{10} hatte man schon vor der Serienfertigung zahlreiche Mängel entdeckt, weshalb die Reichsbahn bald nach Ersatz suchte.

Ebenfalls 1955 ging die Personenzuglok 23^{10} in Serienfertigung. Sie war eine Weiterentwicklung der 1941 in zwei Exemplaren gebauten Einheitsdampflok der Baureihe 23. Bis 1959 wurden 113 Stück hergestellt. Sie waren für den leichten bis mittelschweren Schnellzugdienst vorgesehen.

Für den Güterverkehr war die Baureihe 50^{40} konzipiert. Sie wurde parallel zur Baureihe 23^{10} entwickelt und besaß einige identische Bauteile. Von 1956 bis 1960 wurden davon für die Deutsche Reichsbahn 88 Exemplare in Babelsberg bei der VEB Lokomotivbau „Karl Marx“ hergestellt.

Die neuen Lokomotiven reichten nicht aus, um den Bedarf der Deutschen Reichsbahn zu decken. Die von der früheren Reichsbahn übernommenen Maschinen mussten deshalb repariert und rekonstruiert werden.

Bei der Rekonstruktion wurde die gesamte Lokomotive modernisiert. Dazu gehörte die Beseitigung bekannter Mängel sowie die Erhöhung der Leistung und der Laufeigenschaften. Im Mittelpunkt der Rekonstruktion stand oft der Einbau eines neuen Kessels, der eine bessere Brennstoffnutzung und eine höhere Dampfleistung ermöglichte. Aber auch das Fahrgestell und das Führerhaus mussten oft angepasst werden.

Reko-Lok der Baureihe 01^5.

Öl und Diesel

Der Wiederaufbau ging in der DDR langsamer als im Westen vonstatten. Aber im September 1955 wurde die erste Strecke für den Verkehr mit Elektroloks wieder in Betrieb genommen. Nach und nach bekamen die zurückgebauten Strecken von neuem ein zweites Gleis.

Um die Kosten zu senken und die Effizienz weiter zu steigern, plante man bei der Deutschen Reichsbahn den Umbau von kohlegefeuerten Dampflokomotiven auf die Ölfeuerung. Eine Erdölleitung aus der Sowjetunion sollte die Versorgung mit dem Brennstoff sicherstellen. 1959 wurde eine erste Lok der Baureihe 44 auf die neue Feuerung umgestellt. Die damit durchgeführten Versuche lieferten positive Ergebnisse. Nicht nur wurde der Heizer von der schweren körperlichen Arbeit entlastet, der Kessel besaß zudem einen höheren Wirkungsgrad und die Kosten für den Brennstoff sowie den Unterhalt der Lokomotive sanken. Es dauerte jedoch noch bis 1963, bis der Umbau im größeren Stil beginnen konnte.

In den fünfziger Jahren wurde die Arbeit bei der DDR-Reichsbahn fast nur von Dampfloks erledigt. Die Dieseltraktion spielte vorerst nur eine untergeordnete

Aus der Ukraine stammt die Baureihe 130. Diese Dieselloks erhielten den Beinamen „Ludmilla".

Rolle. Es waren vor allem Kleinloks, die mit einem Dieselmotor ausgestattet waren. Pläne für einen verstärkten Einsatz des Dieselantriebs existierten jedoch. Ab 1958 wurde in Babelsberg die V 15 für den Rangierbetrieb produziert. Durch ihre Leistung von anfangs 110 und später 132 Kilowatt zählte sie nicht mehr zu den Kleinloks. Ab 1968 wurde eine 165 Kilowatt leistende Variante des Modells als V 23 in das Programm aufgenommen.

478 Kilowatt leisteten die Lokomotiven der Baureihe V 60, die ab 1962 serienmäßig produziert wurden. Sie wurden vor allem für den mittelschweren Rangierdienst eingesetzt. Die meisten der 2.256 hergestellten Exemplare kamen aus dem VEB Lokomotivbau Elektrotechnische Werke „Hans Beimler" in Hennigsdorf. Nicht alle kamen jedoch zum Einsatz bei der Reichsbahn, viele wurden auch exportiert.

Zu den stärkeren Modellen zählte die V 180, die ab 1962 in Serie fertigt wurde und zwei Motoren mit 736 Kilowatt Leistung besaß. Eine Lücke im Leistungsspektrum sollte 1966 die V 100 mit 736 Kilowatt schließen. Insgesamt blieb der Anteil der Diesellokomotiven jedoch selbst in den sechziger Jahren noch gering. 1965 wurden 88,4 Prozent der Transporte mit Dampflokomotiven und nur 8,6 Prozent mit Dieselsowie drei Prozent mit Elektrolokomotiven durchgeführt.

Lok 99 785 der Fichtelbergbahn in Sachsen wird im Bahnhof Cranzahl mit Wasser betankt.

Zug der Zittauer Schmalspurbahn.

Taigatrommeln und Ludmillas

Eine ursprünglich geplante weitgehende Elektrifizierung der Strecken wurde Mitte der sechziger Jahre abgeblasen. Der Grund dafür lag in dem permanenten Mangel an elektrischem Strom und den relativ günstig zu beschaffenden Diesellokomotiven im östlichen Ausland. Nach einem Beschluss des Rates für gegenseitige Wirtschaftshilfe (RGW, im Westen auch Comecon genannt) sollte die DDR vor allem große Lokomotiven aus der Sowjetunion beziehen. Die ersten Dieselloks aus der Lokomotivfabrik Luhansk in der Ukraine trafen 1966 ein. Es handelte sich um die M 62, die in der DDR die Bezeichnung V 200 erhielt. Angetrieben wurde sie von einem 1.471 Kilowatt starken Dieselmotor. Die V 200 ergänzte gut den Fuhrpark der Reichsbahn. Die Lok hatte jedoch einen großen Mangel: Sie war unerträglich laut. Wegen ihrer Lärmentwicklung erhielt sie bald die Spitznamen „Taigatrommel" und „Stalins Rache". Gemeinsam mit dem Hersteller entwickelte die Reichsbahn eine Schalldämpfung, sodass dieses Problem schließlich gelöst werden konnte. Was der V 200 jedoch weiterhin fehlte, war eine Zugheizung, weswegen die Lok in den kal-

Der bekannteste innerdeutsche Grenzübergang.

ten Jahreszeiten nur für den Gütertransport eingesetzt werden konnte. Insgesamt waren es 378 Exemplare, die von der Deutschen Reichsbahn in Dienst gestellt wurden. 1970 erfolgte die Umbenennung der V 200 in Baureihe 120.
Ebenfalls aus Luhansk wurden 1970 die ersten Modelle einer Großlokomotive mit einer Leistung von 2.200 Kilowatt geliefert. Das erste Modell hatte noch die Bezeichnung V 300 001 bekommen. Im gleichen Jahr erfolgte die Umbenennung in Baureihe 130. Die Loks dieser Baureihe erreichten zwar eine Höchstgeschwindigkeit von 140 Stundenkilometern, für den Einsatz im Schnellzugverkehr eigneten sie sich jedoch trotzdem nicht, da ihnen eine Heizeinrichtung fehlte. Trotzdem wurden 82 Exemplare in Dienst gestellt. Ab 1972 wurden 76 weitere Lokomotiven dieses Typs, der den Beinamen „Ludmilla" bekam, aus der Ukraine geliefert, diesmal jedoch mit einer Höchstgeschwindigkeit von 100 km/h. Diese Loks wurden für den Güterverkehr als Baureihe 131 in den Bestand der Reichsbahn aufgenommen. Noch im gleichen Jahr wurden zwei Exemplare der Lok mit Zugheizung für Testzwecke geliefert. Diese Ausführung der Ludmilla erreichte eine Höchstgeschwindigkeit von 120 km/h und eignete sich wegen der Heizung für den Einsatz im Personenverkehr. Die 709 Loks, die von dieser Version in Dienst gestellt wurden, bildeten die Baureihe 132.
1979 trafen Lokomotiven der Baureihe 142 bei der Reichsbahn ein. Dieses Modell zeichnete sich durch die Motorleistung aus, die 2.940 kW (3.997 PS) erreichte. Die Höchstgeschwindigkeit lag bei 120 Stundenkilometern. Im folgenden Jahr wurde die Zahl der eingesetzten Loks dieser Baureihe auf sechs erhöht.
Bis 1973 hatten sich die Anteile der Traktionsarten zu Gunsten des Dieselantriebs verändert. Von den Dampflokomotiven wurden nur noch 33 Prozent der Transportaufgaben erledigt. Der Anteil der Diesellokomotiven war auf 51 Prozent gewachsen, während der elektrische Antrieb immerhin 16 Prozent ausmachte.

Von der Öl- zur Strukturkrise

Die DDR hatte sich zwar der Planwirtschaft verschrieben, den Gesetzen des Marktes konnte sie sich trotzdem nicht entziehen. Anlässlich der zweiten Ölkrise Ende der siebziger Jahre stieg auch der Preis des Erdöls, das aus der Sowjetunion bezogen wurde. Um die Kosten zu senken, musste die Deutsche Reichsbahn ölgefeuerte Dampfloks aus dem Verkehr ziehen und bereits stillgelegte kohlegefeuerte Maschinen wieder zum Einsatz bringen. Auch beim Beheizen von Häusern ging man von Heizöl auf Kohle über. Manchmal wurden auch Dampflokomotiven zum Heizen von Gebäuden eingesetzt. Doch die Rückkehr zur Kohle als Energielieferant brachte nur vorübergehend eine Entlastung, denn schon zum Ausgang des Jahres 1980 kam es durch ausgefallene Lieferungen aus Polen zu einer Kohlekrise. Die kohlegefeuerten Dampflokomotiven wurden deshalb bald wieder durch ölgefeuerte ersetzt.
Obwohl der Weltmarktpreis des Erdöls in den folgenden Jahren wieder sank, wurden von der Führung der DDR Energiesparmaßnahmen verordnet. Dazu gehörte die weitgehende Verlagerung des Gütertransports von der Straße auf die Schiene. Dies bedeutete oft den unrentablen Betrieb kleinerer Bahnhöfe und Nebenstrecken. Während die Reichsbahn immer mehr Aufgaben übertragen bekam, war sie selbst zum Energiesparen gezwungen. Die Elektrifizierung weiterer Strecken sollte zumindest die Abhängigkeit von Öl und Kohle verringern. Verglichen mit den Bahnen westlicher Länder hatte die Reichsbahn hier einen Nachholbedarf, da man bisher vor allem auf die Dieseltraktion gesetzt hatte.
Die Deutsche Reichsbahn erwarb zwar in den folgenden Jahren eine Flotte moderner Elektroloks; die Situation der Bahn erschwerte sich jedoch dadurch, dass die Mittel für den Erhalt des alternden rollenden Materials und des Schienennetzes fehlten. Zudem zeigten sich zunehmend Schäden an den Betonschwellen, die von 1971 bis 1983 beim Schienenbau verwendet worden waren. Der durch den kieselsäurehaltigen Sand und den alkalihaltigen Zement ausgelöste Zersetzungsprozess trieb die Kosten für die Ausbesserung der Gleise in die Höhe.
Eine völlig neue Situation ergab sich für die Deutsche Reichsbahn mit dem Fall der Mauer und der Öffnung der westlichen Grenzen. Nach der Wiedervereinigung der beiden deutschen Staaten wurde die Deutsche Reichsbahn der DDR im Jahr 1990 zum Sondervermögen der erweiterten Bundesrepublik Deutschland.

Zwei sechsachsige Dieselloks der DR-Baureihe 132 ziehen 1984 einen Personenzug durch Ostberlin.

Einheit im Bild: ICE 1 im Berliner Ostbahnhof.

Die Bahn ab 1990

Für die Bundesbahn begann 1991 die Ära der Hochgeschwindigkeitszüge. Mit der Einführung des Sommerfahrplans konnte der neue Intercity-Express Geschwindigkeiten von bis zu 250 Stundenkilometern erreichen. Um dies zu ermöglichen, waren neue Gleise, Brücken,Tunnels und sogar Bahnhöfe gebaut worden. Die erste ICE-Strecke führte von Hamburg über Frankfurt und Stuttgart nach München. Jeder der ICE-Züge besaß zwei Triebköpfe der Baureihe 401 mit jeweils einem Führerstand und einem Maschinenraum. Den Fahrgästen standen Wagen der ersten und zweiten Klasse zur Verfügung. Außerdem verfügte jeder Zug über einen Service- und einen Speisewagen. Insgesamt 59 Garnituren dieser ersten ICE-Generation kamen zum Einsatz.
Allerdings lief nicht alles wie geplant. Von Anfang an traten technische Probleme auf. Es kam zu Störungen in der elektrischen Anlage der Triebköpfe. Die Verriegelung der Einstiegstüren und das Einklappen der Trittstufen musste von den Zugbegleitern dem Zugführer signalisiert werden, da anfangs noch die nötige Software für den Bordcomputer fehlte. Die Windleitprofile zwischen den einzelnen Zugteilen hielten manchmal der Luftströmung bei hohen Geschwindigkeiten nicht stand. Aber es gelang den Technikern, im Laufe der Zeit diese Mängel zu beseitigen.
Die ICE-Züge fuhren im Stundentakt zwischen München und Hamburg. Dadurch gelang es der Bundesbahn, an Attraktivität zu gewinnen und neue Kunden zu finden. Die Anzahl der ICE-Passagiere wuchs von 5,9 Millionen im Jahr 1991 auf 16,4 Millionen in 1993. Die Hochgeschwindigkeitszüge stellten nicht nur für den Individualverkehr eine Konkurrenz, sie boten auch für die Inlandsflüge eine ernstzunehmende Alternative.

Gründung der Deutsche Bahn AG

Ein weiteres Datum von epochaler Bedeutung für die Eisenbahn in Deutschland war 1994. Am 1. Januar dieses Jahres entstand durch die Fusion der Bundesbahn und der Deutschen Reichsbahn die Deutsche Bahn AG. Die Unternehmenszentrale befand sich anfangs in Frankfurt am Main, wurde 2000 jedoch in den BahnTower in Berlin verlegt.
Zur gleichen Zeit trat das Eisenbahnneuordnungsgesetz, mit dem die Bahnreform eingeleitet wurde, in Kraft. Damit sollte auf die schwierige Situation, in der sich die Bahn befand, reagiert werden. Die Bundesbahn hatte zwar neue Kunden gewinnen können und verzeichnete eine wachsende Zahl gefahrener Personenkilometer, aber der Anteil am gesamten Personenverkehr war nach dem Zweiten Weltkrieg drastisch gefallen und stagnierte seit den achtziger Jahren auf einem niedrigen Niveau. Selbst beim Güterverkehr war bis Anfang der neunziger Jahre der Markt-

Nach langen Verhandlungen mit den Regionalbehörden erhielten Limburg und Montabaur je einen eigenen ICE-Bahnhof an der Strecke Frankfurt–Köln.

Seit Mitte der neunziger Jahre werden verstärkt Doppelstockwagen eingesetzt.

Der von Siemens konstruierte Desiro wird bei der Deutschen Bahn im Nah- und Regionalverkehr eingesetzt, hier auf der Erzgebirgsbahn.

anteil der Bahn auf unter 20 Prozent zurückgegangen. Gleichzeitig wuchs der Schuldenberg. Bis 1994 hatte er eine Höhe von 34 Milliarden DM erreicht. Für das Jahr 2003 prognostizierte man eine Schuldenlast von 195 Milliarden DM, falls keine Reformen eingeleitet würden.
Die Vereinigung der beiden deutschen Bahnen brachte zusätzliche Herausforderungen mit sich. Der Zustand des rollenden Materials und der Strecken im Osten erforderte hohe Investitionen. Umso wichtiger war es, eine Unternehmensstruktur aufzubauen, die die Wirtschaftlichkeit der Bahn sichern konnte.
Eines der Ziele der Bahnreform wurde mit der Gründung der Deutschen Bahn als Aktiengesellschaft erreicht. Damit wurde die schwierige Umwandlung von einem Behördenapparat in ein marktwirtschaftliches Unternehmen eingeleitet. Die Öffnung des Schienennetzes für den Wettbewerb war ein weiteres Ziel. Einen anderer Punkt der Reform stellte die Regionalisierung dar. Dies bedeutete, dass die Verantwortung für den Schienennahverkehr vom Bund auf die Länder überging. Während der Fernverkehr einen wirtschaftlichen Betrieb erlaubte, war dies auf den kurzen Strecken nur bedingt möglich. Es war nun die Aufgabe der Bundesländer, zu bestimmen, welche Strecken sie finanziell unterstützen wollten. Erleichtert wurde der Deutschen Bahn der Neustart durch die Übernahme der Schulden durch den Bund.

Die Bahn gliederte sich nun in vier Geschäftsbereiche. Für den Personennah- und Fernverkehr war der Geschäftsbereich Personenverkehr zuständig. Um den Warentransport kümmerte sich der Geschäftsbereich Güterverkehr. Die Schienenfahrzeuge, Ausbesserungswerke und Bahnbetriebswerke gehörten zum Geschäftsbereich Traktion & Werke.

Neue Züge

Die Deutsche Bahn AG zeigte ihre Innovationsbereitschaft unter anderem durch den Einsatz neuer Züge. Dazu gehörte der InterCityNight, der ab Mai 1994 fahrplanmäßig zu rollen begann. Die Züge stammten von dem spanischen Hersteller Talgo. Sie zeichneten sich durch eine Leichtbauweise aus, die eine Energieersparnis von annähernd 30 Prozent im Vergleich zu herkömmlichen Zügen ermöglichte. Die ersten Exemplare von Talgo wurden bereits 1988 von der Bundesbahn erprobt. Dabei erreichte man auf einer Testfahrt eine Spitzengeschwindigkeit von 291 km/h. Beim praktischen Einsatz wurden jedoch aus bremstechnischen Gründen höchstens 140 km/h zugelassen. Für eine bequeme Nachtreise sorgten die dazugehörenden Hotelzugwagen, die Einzel- und Doppelabteile boten. Jedes Schlafabteil war mit Dusche und WC ausgestattet. Im Lounge-Wagen konnten die Fahrgäste Speisen und Getränke zu sich nehmen.
Im September 1996 kam die zweite ICE-Generation, die für eine Geschwindigkeit von bis zu 280 km/h zugelassen war, zum fahrplanmäßigen Einsatz. Weitere Stre-

Bis zu 220 Stundenkilometer sind die Elektroloks der Baureihe 101 schnell.

cken wurden für die Hochgeschwindigkeitszüge eröffnet. Dazu gehörte ab 1998 die Neubaustrecke Hannover–Berlin.

Seit der Bahnreform werden auch private Anbieter zugelassen. Dazu gehört die vectus Verkehrsgesellschaft, die das Westerwald-Taunus-Netz betreibt.

Sicherheit und Unfälle

In einem speziellen Fahrsimulator, der im DB-Schulungszentrum in Fulda stand, konnten ab 1996 die ICE-Lokführer ausgebildet werden. Dadurch konnten die Lokführer üben, mit technischen Störungen, unvorhergesehenen Ereignissen, Witterungseinflüssen und so weiter zurechtzukommen. Was bei einer Ausbildung an einem echten ICE nicht möglich gewesen wäre, war die Simulation von Gefahrensituationen und Unfällen, die eine schnelle Reaktion erforderten.
Der Zug gilt als das sicherste Verkehrsmittel. Trotzdem sind auch bei der Bahn Unfälle nicht ausgeschlossen. Menschliches Versagen führte am 12. Dezember 1995 zur Zerstörung des letzten Gläsernen Zuges, der seit 1949 nach einer kriegsbedingten Zwangspause wieder Ausflügler von München aus zu einer Rundfahrt in den Alpen mitnahm. In Garmisch-Partenkirchen kam es zu einem Zusammenstoß mit einem österreichischen Regional-Express, der das auf Halt stehende Signal missachtet hatte. Der Unfall hatte ein Todesopfer und etwa 50 Verletzte zur Folge. Der Gläserne Zug wurde so schwer beschädigt, dass er ausgemustert werden musste.
Ebenfalls menschliches Versagen wurde für das Zugunglück vom 20. November 1997 in Elsterwerda ermittelt. Ein Zug mit 22 benzingefüllten Kesselwagen konnte bei der Einfahrt in den Bahnhof der brandenburgischen Stadt die Geschwindigkeit nicht auf das notwendige Maß verringern, da versäumt worden war, die Lufthähne zwischen der Lok und den Wagen zu öffnen, weswegen die Bremsen nur bei der Lok wirkten. Die entgleisenden Wagen verursachten eine Brandkatastrophe, der zwei Menschen zum Opfer fielen.
Die größte Eisenbahnkatastrophe im Deutschland der Nachkriegszeit ereignete sich am 3. Juni 1998, als der ICE 884 „Wilhelm Conrad Röntgen“ auf seiner Fahrt nach München kurz vor der niedersächsischen Gemeinde Eschede wegen eines abgerissenen Radreifens entgleiste. Einige der Wagen rammten mit einer Geschwindigkeit von annähernd 200 Stundenkilometern eine Brücke und brachten sie zum Einsturz. Das Unglück kostete 101 Menschen das Leben. Dazu gehörten auch zwei Signaltechniker der Deutschen Bahn, deren Auto auf der Brücke gestanden hatte.

Die Bahn im neuen Jahrtausend

1999 trat die zweite Stufe der Bahnreform in Kraft. Die Deutsche Bahn AG wurde zu einer Holding mit fünf Tochterunternehmen. Dazu gehörte die DB Reise & Touristik AG (heute DB Fernverkehr AG), die für den Fernverkehr zuständig war. Die DB Regio AG kümmerte sich um den Personennahverkehr. Gütertransporte unternahm die DB Cargo AG (später Railion, heute DB Schenker Rail). Mit den Gleisen, Signalanlagen, Oberleitungen und allem, was mit den Strecken zu tun hatte, beschäftigte sich die DB Netz AG. Die DB Station & Service AG war für die Bahnhöfe zuständig.
Im Zuge der Umwandlung der Bahn in ein modernes Dienstleistungsunternehmen war man auch bemüht, den Bahnhöfen ein

Mit der dritten ICE-Generation konnte die Deutsche Bahn neue Maßstäbe setzen.

Die MRCE Dispolok GmbH verleast Elektroloks.

Im Mai 2006 wurde der neue Berliner Hauptbahnhof in Betrieb genommen. 300.000 Fahrgäste benutzen ihn täglich.

Das Bahnhofsviertel wird nicht nur in Berlin zum erstklassigen Immobilien- und Geschäftsstandort.

neues Image zu verleihen. Die Bahnhofsviertel galten in vielen Städten als Gegenden mit einem zweifelhaften Ruf. Die Deutsche Bahn war bestrebt, die Bahnhofsumgebung zu einem exklusiven Standort für Büros, Shoppingcenter und gastronomische Betriebe werden zu lassen. Eine tägliche Reinigung des Bahnhofsgebäudes und eine Kameraüberwachung sollten dafür sorgen, dass sich die Besucher sicher und wohl fühlten.

Mit dem Jahrtausendwechsel trat die dritte Generation der ICE-Züge an den Start. Der ICE 3, der die Baureihe 403 bildete, war für eine Höchstgeschwindigkeit von 330 Stundenkilometern zugelassen. Im regulären Betrieb erreichte er eine Geschwindigkeit von bis zu 300 km/h. Zu den Besonderheiten der dritten ICE-Generation gehörte neben der neuen Spitzengeschwindigkeit der Unterflurmotor. Diese Konstruktion ermöglichte direkt hinter dem Führerstand einen Sitzplatzbereich, die sogenannte „Lounge“, von wo aus dem Triebfahrzeugführer durch eine Glasscheibe bei der Arbeit zugeschaut werden konnte.

Da die Bahn eine Alternative zum Fliegen bieten wollte, gewannen die grenzüberschreitenden Hochgeschwindigkeitszüge zunehmend an Bedeutung. Diesem Zweck diente der mehrsystemfähige ICE 3M, der zur Baureihe 406 zählte. Er konnte auch auf den Schienennetzen anderer Staaten, wie Belgien oder den Niederlanden, eingesetzt werden. Für den Verkehr nach Frankreich wurde die Baureihe 406F (ICE 3MF) ausgerüstet. Die Hochgeschwindigkeitszüge anderer Länder überschritten ebenfalls die Grenzen. Dazu gehörte der Thalys, der auf der Technik des französischen TGV basiert. Es sind vor allem französische, belgische und niederländische Städte, die von dem Hochgeschwindigkeitszug bedient werden, aber auch Aachen, Köln und Düsseldorf werden angefahren. Die Deutsche Bahn ist seit 2007 mit zehn Prozent an dem Unternehmen Thalys International beteiligt. Eine schnelle Verbindung nach Paris von München über Stuttgart bietet außerdem der zur französischen Eisenbahngesellschaft SNCF gehörende Hochgeschwindigkeitszug TGV.

Nachdem die Bahn jahrzehntelang an Bedeutung verloren hatte, gelang es ihr in den letzten 20 Jahren, sich als internationales hochmodernes Verkehrsmittel zu etablieren.

Lokomotiven, Wagen und Bahnanlagen aus 175 Jahren

Lokomotiven, Wagen und Bahnanlagen aus 175 Jahren

Das Zeitalter der Pioniere und Privatbahnen

Wenn heute so viel von der Privatisierung der Eisenbahn geredet wird, dann ist das nichts Neues. Bereits die ersten Eisenbahnstrecken wurden aus privaten Mitteln finanziert und privat betrieben. Die Jahre zwischen 1835 und 1871 sind gekennzeichnet durch viele lokale Initiativen. In unglaublich kurzer Zeit wurde ein dichtes Streckennetz geschaffen, das den Handel spürbar belebte und die Industrialisierung der deutschen Staaten in einem bemerkenswerten Tempo vorantrieb. Die Staaten schickten sich deshalb an, die Kontrolle über die Eisenbahn zu gewinnen.

Der „Adler" hebt ab

Am 7. Dezember 1835 wurde die von der englischen Firma Stephenson stammende Dampflok „Adler" angeheizt, um zwischen den beiden fränkischen Städten Nürnberg und Fürth die Ludwigs-Eisenbahn zu eröffnen. Damit hatte die erste Eisenbahnlinie in Deutschland ihren Betrieb aufgenommen. Der „Adler" war eine Lokomotive mit einer mittleren Treibachse und zwei Laufachsen vorn und hinten. An sie wurde ein zweiachsiger Tender angehängt. 1857 wurde der „Adler" ausgemustert und verschrottet. Zum hundertjährigen Eisenbahnjubiläum wurde ein Nachbau des „Adler" hergestellt. Nach seiner schweren Beschädigung bei einem Brand 2005 wurde er 2007 restauriert.

1835

Die Überquerung der Elbe bei Riesa

Die Eisenbahnlinie Leipzig–Dresden wurde auf die Initiative Leipziger Geschäftsleute um Friedrich List und Gustav Harkort, den Bruder des im Rheinland als Einsenbahnpionier wirkenden Friedrich, zwischen 1837 und 1839 gebaut. Schlussstein war die Brücke über die Elbe bei Riesa. Der Fluss ist an dieser Stelle fast 350 Meter breit. Ein Holzbau der ersten Jahre wurde 1874/75 durch eine Eisenkonstruktion ersetzt. Doch am 22. Februar 1876 stürzte dieses Bauwerk nach einem Hochwasser ein. 14.000 Zentner Schmiedeeisen im Wert von 300.000 Mark versanken in den Fluten. Jetzt musste nach einem hölzernen Provisorium ein dritter Anlauf genommen werden, das Bauwerk stabil zu errichten. Bei diesem Bau wurde nicht mehr gespart. 1,55 Millionen Mark kostete die auf zwei Pfeilern im Wasser ruhende Brücke. Sie wurde 1945 schwer beschädigt, konnte aber repariert werden. 1966 musste sie jedoch einem Neubau weichen. Unsere Abbildung zeigt die Brücke in ihrem Zustand bis 1945.

1837-39

Erster Gütertransport in Deutschland

Es geschah am Nachmittag des 11. Juli 1836. Dienstbare Geister schwitzten unter einem ungewöhnlichen Auftrag. Sie sollten zwei Bierfässer hinaus zu der Eisenbahn schaffen. Mühsam wurde die Last auf den Tender gehoben. Der „Adler" stand schon unter Dampf, Passagiere nahmen Platz. Dann setzte sich der Zug – wie man es nun schon ein halbes Jahr gewohnt war – in Gang. Erstmals in der Geschichte der deutschen Eisenbahn wurden Güter transportiert. Doch abgesehen von weiterem Biernachschub und einigen Zeitungen schien das Interesse der Unternehmen für diese Transportform erst mal gering zu sein. Doch viele andere Strecken waren mit der vollen Absicht geplant worden, die Eisenbahn zur Fracht wichtiger Rohgüter und Industriewaren zu nutzen. So sorgte die Eisenbahn für ein Fortschreiten der industriellen Revolution in Deutschland.

1836

Lokomotiven, Wagen und Bahnanlagen aus 175 Jahren

Die „Saxonia" wird gebaut

1838

1837 wurde die Maschinenbauanstalt Übigau in Dresden vom Hochschulprofessor Johann Andreas Schubert gegründet. 1838 wurde dort die erste in Deutschland gebaute Lokomotive fertiggestellt und auf den Namen „Saxonia" getauft. Die Leipzig-Dresdner Eisenbahn wollte von den Unwägbarkeiten eines Imports von Dampfloks aus England unabhängig werden. Deshalb wurde die „Saxonia" gekauft. Die Lok war mehr oder weniger der Nachbau einer englischen Lok namens „Comet" mit auffälligem Stehkessel. Angetrieben wurde die „Saxonia" durch zwei Treibachsen. Eine nicht angetriebene Achse mit Rädern im wesentlich kleineren Durchmesser der Tenderräder lief am Heck der Lok mit. Die „Saxonia" wurde 1856 ausgemustert. 1988 wurde in der DDR ein Nachbau der ersten deutschen Lok hergestellt.

Preußens erste Eisenbahn

Preußen war nach Österreich der zweitgrößte deutsche Flächenstaat. Ein modernes Fortbewegungsmittel konnte die Entfernungen spürbar verkürzen. Doch der konservative König Friedrich Wilhelm III. wollte von den feuerspuckenden Ungeheuern erst nichts wissen. So taten sich private Geldgeber zusammen und gründeten die Berlin-Potsdamer Eisenbahn.

Am 22. September 1838 wurde das erste Teilstück zwischen Zehlendorf und Potsdam feierlich eröffnet. Als die Vorteile dieses Verkehrssystems überdeutlich wurden, konnte endlich, am 3. November 1838, der preußische Ministerpräsident seinem König das preußische Eisenbahngesetz abringen. Innerhalb weniger Jahre wuchs dann das preußische Schienennetz schnell an.

1838

Eröffnung der Strecke Leipzig–Althen

Friedrich List hatte in seiner Denkschrift vor allem eine sächsische Eisenbahn propagiert. Er war auch die treibende Kraft, die in Leipzig den Kaufleuten klarmachte, dass sie von der Eisenbahn enorm profitieren konnten. Dabei sollte, um Geld zu sparen, erst einmal eine Trasse auf billigem Unterbau errichtet werden. Von den zu erwartenden Gewinnen sollte in die verbesserte Trassierung investiert werden. Da diese Eisenbahn ein profitorientiertes Unternehmen war und weil man Geldgeber und potenzielle Unterstützer überzeugen wollte, war geplant, die über 110 Kilometer lange Strecke in Abschnitten zu eröffnen. Den Anfang machte am 24. April 1837 der Abschnitt von Leipzig ins zehn Kilometer entfernte Althen, das heute ein Stadtteil von Leipzig ist. Die restliche Strecke konnte fast auf den Tag genau zwei Jahre später am 7. April 1839 für den Verkehr freigegeben werden. Diese Eisenbahnstrecke blieb bis zu ihrer Verstaatlichung im Jahr 1876 in privater Hand.

1837

Lokomotiven, Wagen und Bahnanlagen aus 175 Jahren

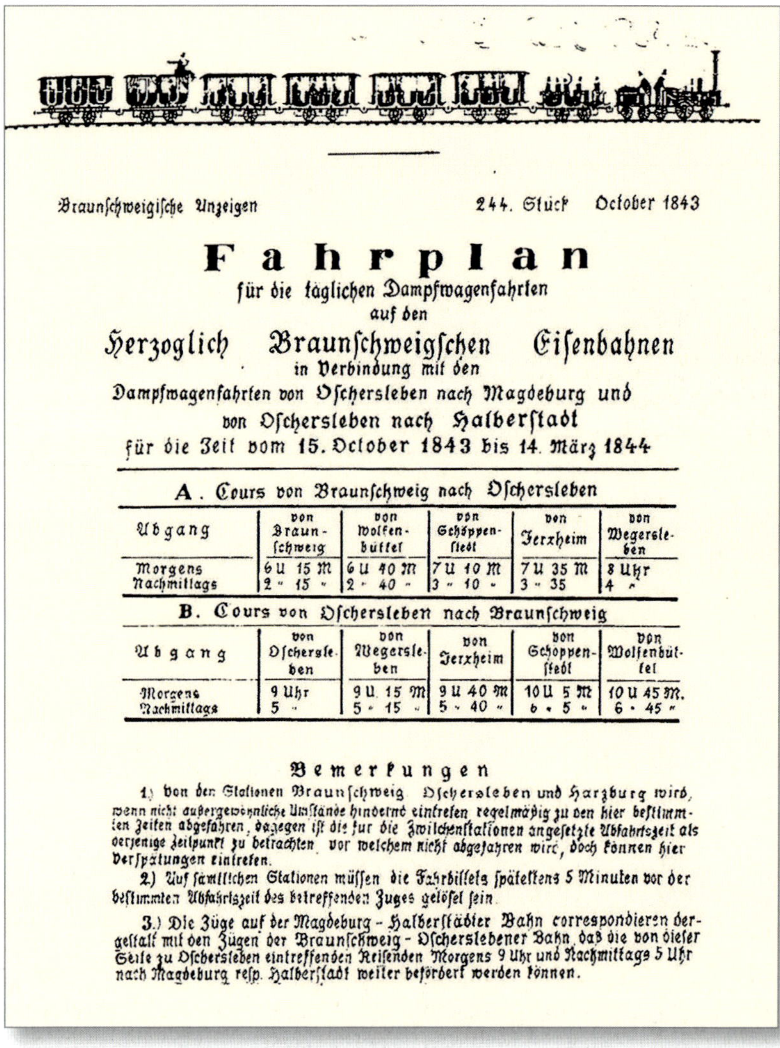

Braunschweigische Anzeigen 244. Stück October 1843

F a h r p l a n

für die täglichen Dampfwagenfahrten
auf den
Herzoglich Braunschweigschen Eisenbahnen
in Verbindung mit den
Dampfwagenfahrten von Oschersleben nach Magdeburg und
von Oschersleben nach Halberstadt
für die Zeit vom 15. October 1843 bis 14. März 1844

A. Cours von Braunschweig nach Oschersleben

Abgang	von Braunschweig	von Wolfenbüttel	von Schöppenstedt	von Jerxheim	von Wegersleben
Morgens	6 U 15 M	6 U 40 M	7 U 10 M	7 U 35 M	8 Uhr
Nachmittags	2 " 15 "	2 " 40 "	3 " 10 "	3 " 35	4 "

B. Cours von Oschersleben nach Braunschweig

Abgang	von Oschersleben	von Wegersleben	von Jerxheim	von Schöppenstedt	von Wolfenbüttel
Morgens	9 Uhr	9 U. 15 M	9 U 40 M	10 U 5 M	10 U 45 M.
Nachmittags	5 "	5 " 15 "	5 " 40 "	6 " 5 "	6 " 45 "

Bemerkungen

1.) Von den Stationen Braunschweig Oschersleben und Harzburg wird, wenn nicht außergewöhnliche Umstände hindernd eintreten regelmäßig zu den hier bestimmten Zeiten abgefahren, dagegen ist die für die Zwischenstationen angesetzte Abfahrtszeit als derjenige Zeitpunkt zu betrachten vor welchem nicht abgefahren wird, doch können hier Verspätungen eintreten.

2.) Auf sämtlichen Stationen müssen die Fahrbillets spätestens 5 Minuten vor der bestimmten Abfahrtszeit des betreffenden Zuges gelöset sein.

3.) Die Züge auf der Magdeburg-Halberstädter Bahn correspondieren dergestalt mit den Zügen der Braunschweig-Oscherslebener Bahn, daß die von dieser Seite zu Oschersleben eintreffenden Reisenden Morgens 9 Uhr und Nachmittags 5 Uhr nach Magdeburg resp. Halberstadt weiter befördert werden können.

Die erste Staatsbahn wird gebaut

Die ersten realisierten Eisenbahnstrecken waren bis dahin ausschließlich von privaten Investoren bezahlt und von Gesellschaften betrieben worden. Das änderte sich schon 1838 mit der Gründung der Herzoglich Braunschweigischen Staatsbahn. Das Herzogtum Braunschweig war einer der noch verbliebenen Kleinstaaten im Deutschen Bund. Sein Staatsgebiet war nicht einheitlich und bildete verschiedene Enklaven im preußischen Staat. Um zu verhindern, dass der Handel an dem kleinen Land vorbeiging, war geplant worden, eine Bahnlinie von Braunschweig in den Harz zu bauen und dann einen Anschluss nach Norden ans Meer herzustellen.

Am 1. Dezember 1838 eröffnete die erste staatliche Eisenbahnstrecke in Deutschland, die von Braunschweig durch das Tal der Oker nach Wolfenbüttel führte. Die Streckenlänge betrug etwas mehr als zehn Kilometer.

Obwohl Braunschweig nach der Reichseinigung ein selbstständiger Bundesstaat blieb, hatte seine staatliche Eisenbahn keinen Bestand mehr. Der überschuldete Herzog musste 1870 den Betrieb an die Preußische Staatseisenbahn verkaufen. Für die Strecken war die Verbindung mit Preußen jedoch ein Vorteil.

1838

Erste deutsche Ferneisenbahn in Sachsen

Nürnberg–Fürth, Berlin–Potsdam oder Braunschweig–Wolfenbüttel: Letztlich waren das keine echten Entfernungen. In mehreren deutschen Staaten war man schon dabei, das Streckennetz auszudehnen und auch weit entfernte Städte miteinander zu verbinden. Das Rennen um die erste Ferneisenbahn Deutschlands gewann Sachsen mit der am 7. April 1839 vollendeten Verbindung zwischen den beiden wichtigsten sächsischen Städten Leipzig und Dresden. Sie verlief über Wurzen, Oschatz und Riesa. Bei Wurzen wurde über die Mulde die erste deutsche Eisenbahnbrücke errichtet. Diese Eisenbahn gab wesentliche Impulse zur Errichtung weiterer sächsischer Strecken, die das bereits in der Industrialisierung steckende Land noch weiter vorantrieben.

1839

Bahnhöfe in Leipzig

1839

Leipzig besitzt heute den größten Kopfbahnhof Europas. Das war nicht immer so. Vor 1915 hatte es verschiedene Bahnhöfe gegeben, die die Endpunkte der verschiedenen Strecken bildeten, die aus allen Himmelsrichtungen in die Messestadt führten. 1839 wurde als erster der Dresdner Bahnhof errichtet, der den Anfang der Leipzig-Dresdner Eisenbahn bildete. Er stand etwa im Bereich der Osthalle des heutigen Hauptbahnhofs. Links daneben siedelte sich der Magdeburger Bahnhof an, der 1840 seinen Betrieb aufnahm. 1841 wurde der Bayerische Bahnhof gebaut, der im Süden der Stadt lag. Es folgten noch der Eilenburger, Berliner und Thüringer Bahnhof. Überlegungen, die sechs Bahnhöfe durch einen großen Hauptbahnhof zu ersetzen, gab es bereits gegen Ende des neunzehnten Jahrhunderts.

Diese Abbildung zeigt den Stand von 1862. Rechts ist der Dresdner Bahnhof zu erkennen, in der Mitte sieht man den Magdeburger und links etwas nach hinten versetzt den Thüringer Bahnhof.

Lokomotiven, Wagen und Bahnanlagen aus 175 Jahren

Eröffnung der München-Augsburger Eisenbahn am 1. September 1839
Schaubild am Marsfeld; im Hintergrund der provisorische hölzerne Bahnhof. Steinzeichnung von Gustav Kraus

Die Strecke Augsburg–München wird fertig

In Augsburg wehte ab dem Februar 1835 ein frischer Wind. Der neue Bürgermeister Carron du Val war ein großer Freund der Eisenbahn. Er holte Friedrich List als Propagandisten in die Stadt und der leistete wie in Leipzig ganze Arbeit. Man fand sich mit den Münchnern zusammen, die in dem Unternehmer und späteren Lokomotivenbauer Maffei einen machtvollen Antreiber besaßen. Am 23. Juli 1837 wurde die München-Augsburger Eisenbahn-Gesellschaft gegründet. Es dauerte aber dann noch über zwei Jahre, ehe das erste Teilstück der von München nach Augsburg führenden Bahnlinie zwischen der Landeshauptstadt und Lochhausen am 1. September 1839 eröffnet werden konnte. Doch dann ging alles sehr schnell. Bereits am 4. Oktober 1840 konnte die gesamte Strecke befahren werden. Zwei Lokomotiven der Fabrik von Robert Stephenson namens „Jupiter“ und „Juno“ zogen um acht Uhr morgens siebenundzwanzig vor allem mit Ehrengästen besetzte Waggons nach Augsburg. Die Fahrt dauerte zweieinhalb Stunden.

1839

Gollwitzer baut Augsburgs ersten Bahnhof

Der aus dem oberpfälzischen Altenhammer stammende Georg Gollwitzer errichtete in Augsburg 1840 den ersten (den alten) Bahnhof nahe der Freilichtbühne, der heute als verstecktes Straßenbahndepot ein unscheinbares Dasein führt. Das freilich ist, neben der aktuellen Nutzung, unberechtigt, gilt das Bauwerk doch als das älteste noch existierende Bahnhofsgebäude der Welt und Endpunkt der ersten Überlandbahn in Bayern. Diese führte ab 1840 von München nach Augsburg und wurde in vier Abschnitten von der 1937 gegründeten München-Augsburger Eisenbahn-Gesellschaft errichtet. Die oben abgebildete Gedenkmünze erinnert daran.

1840

Die Belegschaft der Lokomotivfabrik Maffei in München feierte im Jahr 1864 die Fertigstellung der fünfhundertsten Lokomotive.

Maffei in München baut seine erste Dampflok

Joseph Anton Maffei (1790-1870), Sohn eines italienischen Einwanderers in München, war im Tabakgroßhandel tätig. Er hatte Erfolg. Längst zählte er in der bayerischen Hauptstadt zu den Honoratioren. 1836 baute er im Englischen Garten eine Maschinenfabrik. Er ließ seine Verbindungen spielen, dass sich München intensiv damit beschäftigte, neue Eisenbahnstrecken zu bauen. Er selbst steuerte dazu seine erste fertiggestellte Dampflokomotive bei, die am 13. Oktober 1841 auf der Strecke nach Augsburg ihre Jungfernfahrt absolvierte. Der Name dieser Lok war „Der Münchner". Bis 1864 wurden insgesamt 500 Lokomotiven gebaut. 1874 war bereits die Zahl von 1.000 erreicht.

1841

Borsig in Berlin baut seine ersten Dampfloks

Johann Friedrich August Borsig wurde 1804 in Breslau geboren. Im gleichen Jahr hatte Richard Trevithick seine erste Lokomotive vorgestellt. War das ein Omen? Aus einfachen Verhältnissen stammend, führten ihn sein großer Fleiß und die Liebe zum Maschinenbau in die Berliner Gewerbeschule und in die Neue Berliner Eisengießerei. 1837 wagte er den Sprung in die Selbstständigkeit und gründete in Berlin eine eigene Firma, die sich mit dem Bau von Dampfmaschinen befasste. Als dann das Eisenbahnzeitalter in Preußen anbrach, war sich August Borsig schnell darüber im Klaren, hier würde sich ein neuer Geschäftszweig eröffnen. Auf Dauer würde es keinen befriedigen, wenn er seine Lokomotiven aus England beziehen müsste. Stolz präsentierte er 1841 die erste Dampflok, der man selbstbewusst den Namen „Borsig" gegeben hatte. Nur 13 Jahre später konnte die fünfhundertste Dampflok auf die Schienen rollen. Im gleichen Jahr starb August Borsig im Alter von nur 50 Jahren. Das rechts abgebildete Gemälde von Paul Friedrich Meyerheim zeigt eine Arbeiterszene bei Borsig in der Zeit um 1875, als Borsig der zweitgrößte Lokomotivenbauer der Welt war.

1841

Berlin: alter Anhalter Bahnhof von 1841

Nein, es hatte nichts damit zu tun, dass an dieser Stelle die Züge anhalten. Der Name leitete sich vom deutschen Staat Anhalt ab, aus dessen Richtung die Eisenbahn zu diesem Bahnhof führte. Er wurde am 1. Juli 1841 eingeweiht. Die Bedeutung dieses Kopfbahnhofs stieg nicht zuletzt durch die Reichseinigung, die neben der traditionellen Ost-West-Ausrichtung Preußens mit dem Beitritt der süddeutschen Staaten auch eine Zunahme des Nord-Süd-Verkehrs mit sich brachte. 1880 musste deshalb das alte Empfangsgebäude einem imposanten Neubau weichen. Die mächtige Halle besaß ein Fachwerk-Eisendach, das damals eine der größten Spannweiten weltweit hatte. Im Zweiten Weltkrieg wurde der Anhalter Bahnhof sehr schwer beschädigt und 1959 von den DDR-Machthabern gesprengt.

1841

Über die Grenze: Erste Auslandsverbindung

Das Gebiet um die beiden Städte Eupen und Malmedy ist eine Region, die dadurch bekannt wurde, dass sie 1919 im Versailler Vertrag an Belgien abgetreten werden musste. Bis dahin war es preußisch. Bereits 1838 wurde hier eine Eisenbahnstrecke von Aachen nach Verviers und Lüttich gebaut, die 1843 eröffnet werden konnte. Sie sollte Teil der Magistrale Köln–Antwerpen sein. Damit war der Deutsche Bund an das Ausland angeschlossen. Der Grenzübertritt erfolgte zwischen Herbesthal auf preußischer und Welkenraedt auf belgischer Seite. In Herbesthal wurde der erste Grenzbahnhof Europas aufgebaut, der Gebäude für die Grenzpolizei und den Zoll benötigte. Für die Eisenbahner wurde eine Siedlung angelegt. Der Ort hatte durch den Grenzverkehr einen spürbaren Aufstieg erfahren. Nach dem Ersten Weltkrieg hatte sich die Grenze näher an Aachen herangeschoben. Das jetzt belgische Herbesthal verlor an Bedeutung.

1843

Der Hauptbahnhof in Augsburg

Als die Maximilians-Bahn zwischen Augsburg und München eröffnete, stand der Augsburger Bahnhof südlich der Stadt. Sehr schnell war das Gebäude jedoch zu klein. Die Stadt beschloss daraufhin, an anderer Stelle ein größeres Gebäude zu errichten. Der alte Bahnhof blieb erhalten, war als Reithalle in Nutzung und dient heute als Straßenbahnremise. Er ist das älteste erhaltene deutsche Bahnhofsgebäude. Der neue Hauptbahnhof sollte die Züge aus allen Richtungen aufnehmen und wurde deshalb nicht wie in den meisten anderen Städten als Kopfbahnhof konzipiert. Man hatte ihn etwas außerhalb der Stadt am Rosenauberg angelegt. So konnte der Eisenbahnverkehr südlich und westlich um die Stadt herum geleitet werden. Zwischen 1844 und 1846 wurde das neue Empfangsgebäude im klassizistischen Stil errichtet. Der heutige Bauzustand entspricht einer Erweiterung, die zur Jahrhundertwende vorgenommen wurde.

1844

Der Nürnberger Hauptbahnhof entsteht

Nürnberg lag 1844 nicht nur an der Eisenbahnstrecke nach Fürth, auch die vom bayerischen Staat gebaute Eisenbahnstrecke zwischen Lindau und Hof führte durch die Frankenmetropole. Der erste Bahnof der Ludwigsbahn war nicht geeignet, auch diesen Verkehr aufzunehmen, weshalb beschlossen wurde, für die Ludwig-Süd-Nord-Bahn, so der Name dieser Strecke, einen eigenen Bahnhof zu errichten. Zwischen 1844 und 1847 wurde deshalb ein Gebäude errichtet, das den Verkehr der Staatsbahn aufnahm. Im Laufe der Jahre entstanden mehrere Erweiterungsbauten, denn von Nürnberg aus verliefen bald neue Strecken in alle wichtigen Städte Frankens und die benachbarten Staaten. Zwischen 1900 und 1906 fanden tiefgreifende Umbaumaßnahmen statt, die den Hauptbahnhof auf einen damals modernen Stand brachten.

1844

Licht im Zug

Als nach den Anfangsjahren der Eisenbahn der Bahnverkehr sich in die Nacht ausdehnte, erwuchs das Bedürfnis nach Beleuchtung der Eisenbahnwagen.

Licht ins Dunkel zu bringen war ein Anliegen des preußischen Königs Friedrich Wilhelm IV., der in Sorge um seine Untertanen den Ministern des Innern und der Finanzen durch seinen Cabinetsminister am 11. November 1844 verkünden ließ:

„Des Königs Majestät halten es der Sicherheit und des Anstandes wegen für wünschenswerth, daß die Eisenbahnwagen während der nächtlichen Züge erleuchtet werden, und haben mir aufgetragen, Eure Excellenzen auf diesen Gegenstand unter dem Ersuchen aufmerksam zu machen, entweder Anordnung in diesem Sinne zu treffen, oder sich gegen Seine Majestät über die etwaigen Hindernisse äussern zu wollen."

Hintergrund dieser Anweisung waren sittliche Verfehlungen, die sich in der Dunkelheit der Züge bei Nacht häuften. Trotz dieser Weisung von höchster Stelle bedurfte es noch einiger Zeit und der Androhung hoher Ordnungsstrafen, ehe die Bahnverwaltungen die Beleuchtung einführten. Die Verwaltungen waren der Ansicht, dass es als „ein unberechtigter Luxus betrachtet und vermieden werden müsse, um das Publicum nicht zu sehr zu verwöhnen" (vgl. Centralblatt der Bauverwaltung v. 17.9.1881, S. 220 f.).

Erste Beleuchtungseinrichtungen bestanden aus kläglich brennenden, rußenden und stinkenden Rüböllampen oder Kerzen mit Brandgefahr durch die offene Flamme. Die Angst vor Feuer führte bei einigen Bahngesellschaften sogar zu der Idee, die Laternen seitlich außen am Wagen zu befestigen und das Licht mit Hilfe schräg gestellter Spiegel nach innen zu lenken. Neben den sogenannten vegetabilen Ölen wie Rüböl, Olivenöl (z.B. in Spanien) oder Rizinusöl (in Indien) wurde in einigen Ländern auch mehr und mehr das Petroleum zur Beleuchtung der Wagen verwendet; die Lichtausbeute blieb jedoch nach wie vor unbefriedigend.

Ein entscheidender Schritt nach vorn gelang erst durch die Weiterentwicklung der in den 60er Jahren aufkommenden Gasbeleuchtung. Voraussetzung dafür war die Entwicklung eines sicher wirkenden Druckreglers durch Julius Pintsch 1867 in Berlin, der es möglich machte, das für die Gasbeleuchtung relativ ungeeignete Steinkohlengas durch Öl- oder Fettgas zu ersetzen. Gewonnen wurde dieses Gas von vergleichsweise deutlich größerer Helligkeit vor allem aus Petroleum, Braunkohlen-Teeröl oder Schieferöl.

Mit der Einführung des elektrischen Lichtes ging auch eine Steigerung der Ansprüche des reisenden Publikums einher, die zunächst eine Verbesserung der Fettgas-Beleuchtung zur Folge hatte.

(aus Fundstücke, Kaiß Verlag, Leichlingen 2008, Dammann, Kaiß)

1844

Bahn zum Nachschlagen: Das erste Kursbuch

Zu Beginn der Eisenbahnära reichte ein Abdruck der Fahrzeiten in der Zeitung, doch mit der zunehmenden Verknüpfung verschiedener Eisenbahnbetriebe reichte diese Form nicht mehr aus. So veröffentlichte 1844 der Thurn- und Taxissche Oberpostsekretär Hendschel einen „Atlas der Eisenbahnen Deutschlands, Belgiens und des Elsasses", in dem Eisenbahnlinien, Fahrpläne, Tarife und sonstige Verkehrsbestimmungen der Bahnen enthalten waren. Ein Jahr später veröffentlichte er sein „Neuestes Post- und Eisenbahnhandbuch", das die Post- und Eisenbahnverbindungen der wichtigsten Städte Deutschlands enthielt. Daraus entwickelte sich als regelmäßig erscheinendes Druckwerk „Hendschels Telegraph", aus dem wiederum nach der Gründung des Deutschen Kaiserreichs das „Reichskursbuch" hervorging.

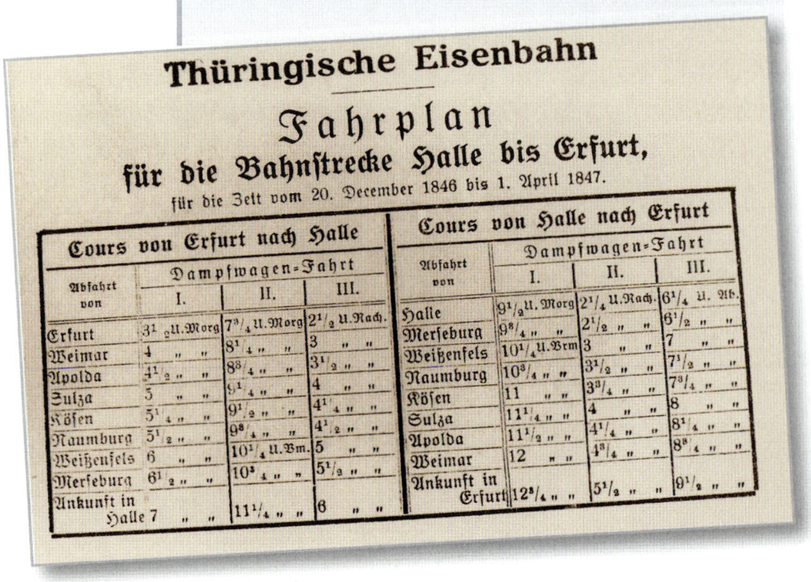

Thüringische Eisenbahn

Fahrplan
für die Bahnstrecke Halle bis Erfurt,
für die Zeit vom 20. December 1846 bis 1. April 1847.

Cours von Erfurt nach Halle

Abfahrt von	Dampfwagen-Fahrt I.	Dampfwagen-Fahrt II.	Dampfwagen-Fahrt III.
Erfurt	3 1/2 U. Morg	7 3/4 U. Morg	2 1/2 U. Nach.
Weimar	4 " "	8 1/4 " "	3 " "
Apolda	4 1/2 " "	8 3/4 " "	3 1/2 " "
Sulza	5 " "	9 1/4 " "	4 " "
Kösen	5 1/4 " "	9 1/2 " "	4 1/4 " "
Naumburg	5 1/2 " "	9 3/4 " "	4 1/2 " "
Weißenfels	6 " "	10 1/4 U. Vm.	5 " "
Merseburg	6 1/2 " "	10 3/4 " "	5 1/2 " "
Ankunft in Halle	7 " "	11 1/4 " "	6 " "

Cours von Halle nach Erfurt

Abfahrt von	Dampfwagen-Fahrt I.	Dampfwagen-Fahrt II.	Dampfwagen-Fahrt III.
Halle	9 1/2 U. Morg	2 1/4 U. Nach.	6 1/4 U. Ab.
Merseburg	9 3/4 " "	2 1/2 " "	6 1/2 " "
Weißenfels	10 1/4 U. Vrm	3 " "	7 " "
Naumburg	10 3/4 " "	3 1/2 " "	7 1/2 " "
Kösen	11 " "	3 3/4 " "	7 3/4 " "
Sulza	11 1/4 " "	4 " "	8 " "
Apolda	11 1/2 " "	4 1/4 " "	8 1/4 " "
Weimar	12 " "	4 3/4 " "	8 3/4 " "
Ankunft in Erfurt	12 3/4 " "	5 1/2 " "	9 1/2 " "

Württemberg: Der erste Durchgangswagen

Während in England der Abteilwagen gebaut wurde und diese Bauweise sich auch in Deutschland verbreitet hatte, war man in den Vereinigten Staaten andere Wege gegangen. Dort wurde der Durchgangswagen erfunden, eine Art Großraumwagen, in dem sich die Fahrgäste bewegen konnten. Nach diesem Vorbild wurden in Württemberg Durchgangswagen eingeführt, allerdings mit ein paar Unterschieden. Der Wagenkasten war wesentlich kleiner und die Wagen hatten zunächst nur zwei Achsen. Bei der Ausstattung legten die Deutschen mehr Wert auf Ruhe. Deshalb war der Innenraum gewöhnlich durch Wände in mehrere Abteile getrennt. Für die Schaffner war diese Bauart ideal, denn sie konnten sich während der Reise bequem mit der Fahrkartenkontrolle befassen und mussten sich nicht mehr außen an den Tritten der Waggons entlanghangeln.

1845

Henschel baut den „Drachen"

In Kassel gründete 1810 Georg Christian Carl Henschel eine Gießerei. Das war der Beginn eines traditionsreichen deutschen Industrieunternehmens, das sich mit Lokomotiven einen hervorragenden Ruf verdiente, stets innovativ war und es zeitweilig zum größten deutschen Hersteller von Dampfloks brachte. 1816 begann Henschel mit der Produktion von Dampfmaschinen. Was lag da näher, als auch in den Bau von Dampflokomotiven einzusteigen? Die kurhessische Friedrich-Wilhelms-Nordbahn brauchte schießlich gute Loks für ihre Strecken. Am 29. Juli 1848 konnte Henschel seine erste selbst gebaute Lok ausliefern. Da es damals üblich war, jedem Schienenfahrzeug einen Namen zu verpassen, wurde der Name „Drache" erfunden. Als ein solcher musste das feuerspeiende und rauchende Gerät vielen eher konservativen Köpfen erscheinen. Die bis zu 45 km/h schnelle Lokomotive hatte zwei vordere Laufachsen und hinten zwei gekuppelte Treibachsen. Nach dem Deutschen Krieg von 1866 wurde Kassel preußisch. Für Henschel war das ein Glück, denn so konnte man von Aufträgen aus Berlin gewaltig profitieren. 1908 waren etwa 6.000 Arbeiter für Henschel tätig. 1925 hatte die Firma die Ehre, die erste Einheitslok der jungen Deutschen Reichsbahn zu präsentieren.

1848

„Kopernikus" aus Hessen

Im anderen Hessen, dem Großherzogtum, hatte die dortige Staatsbahn 1850 eine Lokomotive in Auftrag gegeben, die auf den hübschen Namen „Kopernikus" getauft wurde. Hergestellt wurde die wie beim „Adler" in der Achsfolge 1A1 gebaute Dampflok in München bei Maffei. Die 25 Tonnen schwere Maschine konnte immerhin bis zu 70 Stundenkilometer schnell fahren. Verglichen mit anderen Modellen war sie recht schwer und spürbar auf größere Zuglast ausgelegt. Die beiden Treibräder erreichten mit 1.680 Millimetern Mannshöhe. Maffei hatte mit dieser Lokomotive einen optischen Leckerbissen geschaffen. Für einige vor allem süddeutsche Eisenbahnbetriebe wurde Maffei zur gern genutzten Anlaufstelle, wenn es darum ging, eine technisch leistungsfähige, aber auch im Design ansprechende Lok zu erhalten. Meilensteine wie die Schnellzuglok S 3/6 oder die Weltrekordlok S 2/6 haben Maffei weltberühmt gemacht.

1850

Eisenbahn Karte von
DEUTSCHLAND
und
NACHBARLÄNDERN.
1849.
Eisenbahnen.
NORD SEE
CANAL
ENGLAND
FRANKREICH
BELGIEN
SCHWEIZ
SARDINIEN

Die kleinen Würfel an den **Eisenbahnen** gelten beinahe als Stundenmass.

von Paris	Std	v. Brüssel	Std	Amsterdam	Std	Strassburg	Std
bis Orleans	31	b. Antwerpen	11	b. Haarlem	4	b. Colmar	18
Tours	62			Leyden	12	Mühlhausen	29
Rouen	33			Haag	15	Basel	38
Havre	57	Namur	17	Rotterdam	22		
				Utrecht	10		
				Arnheim	25		
		Lille	26				
Brüssel	75	Gent	13				
		Ostende	33				
		Mons	14				
		Valenciennes	24				

Grössere Entfernungen.

von Paris	Std.	von Warschau	Std	von Kiel	Std.	v. Amsterdam	Std.
bis Brüssel	75	bis Myslowitz	66	bis Hamburg	28	bis Cöln	57
Cöln	135	Kosel	92	Magdeburg	115	Frankfurt	108
Hannover	231	Wien	180	Leipzig	150	Basel	218
Berlin	313	Grätz	228	Nürnberg	241	Zürich	242
Breslau	406	Cilly	262	München	305	Mailand	316
Krakau	478	Triest	324	Bodensee	334	Venedig	396

Fahrzeit der Dampfschiffe.

von Mainz	Std	von Würzburg	Std	von Regensbg	Std	von Dresden	Std
bis Coblenz	5	bis Aschaffenbg	10	bis Passau	10	bis Prag	16
Düsseldorf	13	Frankfurt	14	Wien	28	v. Heilbronn	
Rotterdam	31	Mainz	16	Pesth	46	b. Heidelberg	6
London	60	v. Münden		v. Hamburg		v. Stettin	
Strassburg	14	bis Bremen	18	bis Magdeburg	17	b. Stralsund	15

Bezeichnungen.

STÄDTE mit u. über 50,000 Einw.
Städte " " 10,000 "
Städte unter 10,000 "
Städte " 5,000 "
Eisenbahnen.
Strassen.

Eisenbahnviadukt in Bietigheim

Der 287 Meter lange und 33 Meter hohe Bietigheimer Eisenbahnviadukt wurde 1853 nach zweijähriger Bauzeit zur Überquerung des Enztals gebaut. Noch heute ist er die bedeutendste Sehenswürdigkeit der kleinen inzwischen mit Bissingen verbundenen Stadt im Norden von Stuttgart. Die Eisenbahnstrecke, die über diesen Viadukt führte, verband Stuttgart mit Baden. Sie war als Westbahn Teil der Magistrale, die die Königlich Württembergischen Staats-Eisenbahnen von Bruchsal in Baden über Stuttgart nach Ulm und Friedrichshafen bauten. Der Verantwortliche für den Bau des Viadukts, Baurat Karl Etzel, ließ das Bauwerk mit 21 Bögen in Mauerbauweise hochziehen. Der Bietigheimer Eisenbahnviadukt wurde mit der Einweihung der Westbahn am 20. September 1853 erstmals befahren.

1853

Bei Kempten über die Iller

Bei Kempten hat sich der in den Allgäuer Alpen entspringende Illerfluss tief in den Boden gegraben. Links und rechts steigen die Ufer steil an. Hier an dieser Stelle sollte die Ludwig-Süd-Nord-Bahn die Iller überqueren. Das ehrgeizige Bahnprojekt sollte durch ganz Bayern führen und Hof über Nürnberg und Augsburg mit Lindau verbinden. Die Eisenbahnbrücke, die auf zwei Pfeilern ruhte, sollte nach Konstruktionsprinzipien des US-amerikanischen Ingenieurs William Howe erfolgen. Dieser hatte seine Gitterbrücken mit später als Howeträgern bezeichneten Streben gebaut. Dabei waren die Druckstreben aus Holz und die Zugstreben aus Eisen. Die Pfeilerzwischenräume der Illerbrücke sind mit 35, 53 und 26 Metern recht unterschiedlich, was auf die Positionierung der Pfeiler am Uferrand zurückzuführen ist. Die Alte Illerbrücke in Kempten ist die letzte erhaltene Brücke mit Howeträgern in Deutschland. Für den Zugverkehr ist sie längst gesperrt. Fußgänger und Radfahrer dürfen sie aber noch überqueren.

1851

1851

Der Göltzschtalviadukt wird gebaut

Eines der größten architektonischen Wunder der Eisenbahn wurde bereits am 15. Juli 1851 im sächsischen Vogtland zwischen den Orten Mylau und Netzschkau vollendet. Die Sächsisch-Bayrische Eisenbahn, die von Leipzig aus an das bayerische Eisenbahnnetz in Hof anschloss, überquerte hier das Tal der Göltzsch. Erstmals weltweit wurde eine Brücke statisch berechnet. Material für den Bau sollten hauptsächlich Ziegel sein. Die waren relativ leicht zu beschaffen. Insgesamt mussten über 26 Millionen Ziegel gebrannt werden. 1.736 Arbeiter waren nach der Grundsteinlegung am 31. Mai 1846 fünf Jahre lang damit beschäftigt, Stein für Stein den Viadukt auf eine Höhe von 78 Metern hochzumauern. 31 Menschen verloren dabei ihr Leben. 574 Meter lang und oben neun Meter breit ist diese damals weltweit höchste Eisenbahnbrücke, die immer noch die größte Ziegelbrücke der Welt ist. Diesen Rekord wird sie vermutlich für die Ewigkeit bewahren, denn diese Bauweise wird längst nicht mehr praktiziert. Im Juni 2009 wurde der Göltzschtalviadukt zum historischen Wahrzeichen der Ingenieurbaukunst in Deutschland erklärt.

Lokomotiven, Wagen und Bahnanlagen aus 175 Jahren

1852

Krupp produziert nahtlose Radreifen

Drei übereinander liegende Eisenbahnreifen wurden zum Firmenlogo des Essener Krupp-Konzerns – und das aus gutem Grund. Mit der Erfindung des nahtlosen Radreifens hatte Alfred Krupp 1852 ein Produkt im Angebot, das er konkurrenzlos anbieten konnte und das alle Eisenbahnen dringend brauchten. Die Radreifen waren der Teil der Räder von Loks und Waggons, denen im Betrieb die größte Wichtigkeit zukam, da von ihrer Qualität die Sicherheit der Züge und von ihrer Widerstandsfähigkeit gegen Verschleiß die Wirtschaftlichkeit des Verkehrs abhing. Radreifen waren für Dampfloktreibachsen unverzichtbar, da aus Gewichts- und Massenausgleichsgründen gegossene Speichenräder zum Einsatz kamen, die hinsichtlich Verschleiß und Bruchfestigkeit nicht für den direkten Schienenkontakt in Frage kamen. Man brauchte dafür einen entsprechend geeigneten Werkstoff, den man als Radreifen auf den gegossenen Radstern unter Wärmeeinwirkung aufschrumpfte und mit einem Sprengring axial sicherte. Krupp hatte folgendes Rezept gefunden: Er schmiedete ein längliches Stück Stahl, spaltete es, verformte es in Ringform und walzte es. Dadurch gewann er ein stabiles Produkt, das sehr bruchsicher war. Zuerst verwendete er den Puddelstahl, doch schon ein paar Jahre später wurde Bessemerstahl verwendet. Ab 1865 wurde der besonders zähe Martinstahl zum Standard. Jahrzehntelang verdiente Krupp mit seinen Radreifen für die Eisenbahn das meiste Geld, bis die zunehmende Rüstungstätigkeit die Fertigung von Kanonen zu einem wesentlichen Geschäftszweig erhob.

Preußen führt die vierte Klasse ein

Heute kennt man die teure 1. Klasse und die von der überwiegenden Mehrheit gebuchte 2. Klassse. Das war nicht immer so. Neben diesen beiden auch als „Polsterklasse" bezeichneten gab es für die einfache Bevölkerung eine Klasse mit Holzbänken, die man auch als „Holzklasse" bezeichnet hatte. Dem Standesbewusstsein der Zeit in Preußen war es geschuldet, dass die Staatsbahn 1852 sogar eine vierte Kategorie eingeführte, die gerade mal die primitivste Ausstattung bot. Bänke gab es zunächst nur an den Wänden, ansonsten boten diese Waggons keinerlei Annehmlichkeiten. Der Vorteil war der niedrige Preis, der vielen das Bahnfahren endlich erschwinglich machte. Verglichen mit der 3. Klasse kostete ein Ticket die Hälfte. Die 4. Klasse setzte sich in Norddeutschland bald allgemein durch, doch in einigen süddeutschen Staaten hatte man darauf verzichtet. Erst 1906 boten die letzten eine 4. Klasse an, die aber dann meist aus älteren Wagen der alten 3. Klasse bestanden. In Preußen hatten die Wagen je nach Klasse eine eigene Lackierung. Die 4. Klasse bekam ein schmuckloses Grau. 1928 wurde in Deutschland die 4. Klasse abgeschafft.

1852

Die Eisenbahn überquert den Rhein

1859

Köln als größte Stadt der Rheinprovinz sollte ein wichtiger Verkehrsknoten werden. Bereits zwischen 1839 und 1843 war die Strecke nach Belgien verwirklicht worden. Von Deutz auf der rechten Rheinseite aus war die 1843 gegründete Köln-Mindener Eisenbahn-Gesellschaft über Düsseldorf und Dortmund bis nach Minden an der Weser tätig. Am 15. Oktober 1847 konnte die 263 Kilometer lange Strecke eröffnet werden. Damit konnte die Ein- und Ausfuhr von Waren unter Umgehung der teuren holländischen Rheinzölle über Antwerpen und Bremen erfolgen. Außerdem stand eine politisch begrüßte Bahnverbindung nach Kernpreußen zur Verfügung. Allerdings fehlte eine Möglichkeit, mit der Eisenbahn über den Rhein zu gelangen. Am 3. Oktober 1855 legte Preußenkönig Friedrich Wilhelm IV. den Grundstein für die erste Rheinbrücke. Die Abbildung zeigt die 1859 fertiggestellte Brücke. Im Hintergrund der Kölner Dom noch ohne die beiden Türme, die erst 1880 errichtet waren. Heute verbindet die Hohenzollernbrücke, die 1911 fertiggestellt wurde und nach ihrer Zerstörung 1945 wieder aufgebaut wurde die Bahnlinien beiderseits des Rheins.

Lokomotiven, Wagen und Bahnanlagen aus 175 Jahren

Das stille Örtchen im Zug

In den frühen Jahren der Eisenbahnzeit musste man auf den nächsten Halt warten, wenn man dringende Geschäfte zu erledigen hatte. Im Vorortverkehr oder bei Lokalzügen war das nicht so problematisch, denn die Abstände zwischen den Bahnhöfen waren nicht allzu groß. Im Fernverkehr sah die Situation wieder ganz anders aus. Wer hier zur Erledigung eines dringenden Bedürfnisses aussteigen wollte, musste damit rechnen, dass der Zug ohne ihn weiterrollte. Deshalb wurden ab 1860 in die Dienstwagen auch Aborte eingebaut. Wer jetzt in Nöten war, konnte beim nächsten Halt in das Klosett umsteigen und gemütlich bis zum nachfolgenden Bahnhof sein Geschäft verrichten. Bei den meisten Aborten wurde eine Waschgelegenheit integriert. Diese Technik kam später auf Nebenbahnen zum Einsatz, während bei den Hauptstrecken in den Personenwagen der Abortraum von allen Abteilen aus bequem zugänglich war. Doch sollte diese Lösung noch einige Zeit dauern. Die Klosettschüssel bestand meist aus emailliertem Gusseisen oder aus Porzellan. Es handelte sich noch um offene Systeme, das heißt Sitzungsergebnisse wurden direkt auf die Schienen abgegeben. Aus diesem Grund durfte man bei Stillstand des Zuges nicht die Spülung betätigen.

1860

Preußische Eisenbahn gewinnt den Krieg

Bis 1866 war auf dem Gebiet des Deutschen Bundes ein recht dichtes Streckennetz entstanden. Dann brach der Deutsche Krieg aus. Erstmals spielte die Eisenbahn eine wichtige Rolle. Preußens Generalstabschef Moltke hatte die Möglichkeiten klar erkannt, die ihm die Eisenbahn für seine Aufmarschpläne bot. Allein an die Grenze zu Österreich führten fünf preußische Bahnlinien. Die Donaumonarchie hatte nur eine einzige zu bieten. „Getrennt marschieren, vereint schlagen“ nannte Moltke das, was nun folgte. Die Preußen drangen über mehrere Gebirgspässe in Böhmen ein und versetzten den Österreichern entscheidende Schläge. Das Ergebnis des Krieges war der Norddeutsche Bund und ein größeres Preußen, das sich auch die Eisenbahnen der annektierten Staaten einverleibt hatte. Die Leistungen der Eisenbahn, so Theodor Fontane als klarsichtiger Chronist seiner Zeit, waren erstaunlich: „Eine eigens ... in's Leben gerufene Feldeisenbahn-Abteilung bewährte sich glänzend. ... Eine längere Dauer des Krieges würde die Bedeutung dieser Neuschöpfung der Armee erst völlig in's rechte Licht gestellt haben.“ Es sollte nur vier Jahr dauern, bis dieser Beweis in Frankreich angetreten werden konnte.

1866

Das Bild unten zeigt Lokomotiven während der sogenannten Lokomotivflucht im Jahr 1866 im Bahnhof Eger. Durch die Sicherung der Lokomotiven der Sächsischen Staatsbahnen sollte verhindert werden, dass diese im Deutschen Krieg von 1866 in preußische Hände fielen.

Die Kaiserproklamation 1871 in Versailles; Gemälde von Anton von Werner.

Deutschland wird zum Kaiserreich

Am 18. Januar 1871 wurde der König von Preußen im Spiegelsaal von Versailles zum Deutschen Kaiser ausgerufen. Durch den Beitritt der süddeutschen Staaten zum Norddeutschen Bund war endlich die Einigung Deutschlands erreicht. Das hatten sich die meisten gewünscht, wenn auch nicht alle, dass dies unter preußischer Führung stattfand. Nach dem glanzvollen Sieg über Frankreich konnte sich das junge Reich über eine hübsche Summe freuen, die der besiegte Gegner zu bezahlen hatte. Dieses Geld wurde auch in die Eisenbahn investiert. Die Bahnstrecken im annektierten Elsass-Lothringen wurden dem Reichsamt für die Verwaltung der Reichseisenbahnen unterstellt. Um die Eisenbahnen besser aufeinander abzustimmen, fand am 20. April 1871 die erste deutsche Fahrplankonferenz statt. Außerdem wurde am 29. Dezember dieses Jahres ein „einheitliches Betriebs- und Bahnpolizeireglement für die deutschen Eisenbahnen" festgelegt.

1871

Der Bahnhof Bochum-Gusstahl wurde um 1871 erbaut und war ein typisches Bauwerk seiner Zeit.

Lokomotiven, Wagen und Bahnanlagen aus 175 Jahren

Ausbau und Verstaatlichung: Die Eisenbahn in der Kaiserzeit

In der Eisenbahngeschichte spricht man bei dieser Epoche von der „Länderbahnzeit". Das liegt daran, dass zwar ein einheitliches Deutsches Reich entstanden war, die staatlichen Eisenbahnbetriebe aber weiterhin den Bundesstaaten unterstellt blieben. Jeder Betrieb beschaffte seine eigenen Loks und legte fest, welche Strecken gebaut werden sollten. Das Reich griff allerdings dann ein, wenn es galt, Rahmenbedingungen festzulegen. Das galt zum Beispiel für das Signalwesen. Andere Bestrebungen zur Vereinheitlichung erfolgten auf der Ebene verbandsmäßiger Zusammenschlüsse, etwa der Lokomotivenproduzenten.

Das erste Blocksignalsystem

Um den Eisenbahnverkehr sicherer zu machen, wurden in England bereits 1844 Versuche mit der Einrichtung von Blocksystemen gemacht. Doch erst mit dem elektrischen System von Siemens & Halske setzte sich eine zuverlässige Vorrichtung durch, die bis 1912 in über 180.000 Blocks verwendet wurde. Zum ersten Mal wurde in Deutschland ein Blocksignalsystem im Vogtland auf der Strecke zwischen Reichenbach/Vogtland und Herlasgrün eingerichtet. Das Prinzip ist einfach: Die Strecke wird in virtuelle Abschnitte eingeteilt, die sogenannten Blöcke. Jetzt wurden die Signale so eingestellt, dass ein Passieren des Blocks nur möglich war, wenn keine andere Lok darin unterwegs war.
Erst wenn der Block frei war, konnte das bisher Halt zeigende Signal freie Fahrt gewähren.

1872

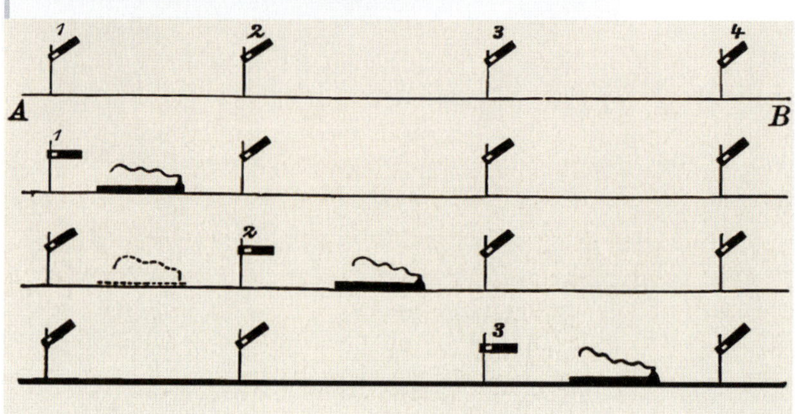

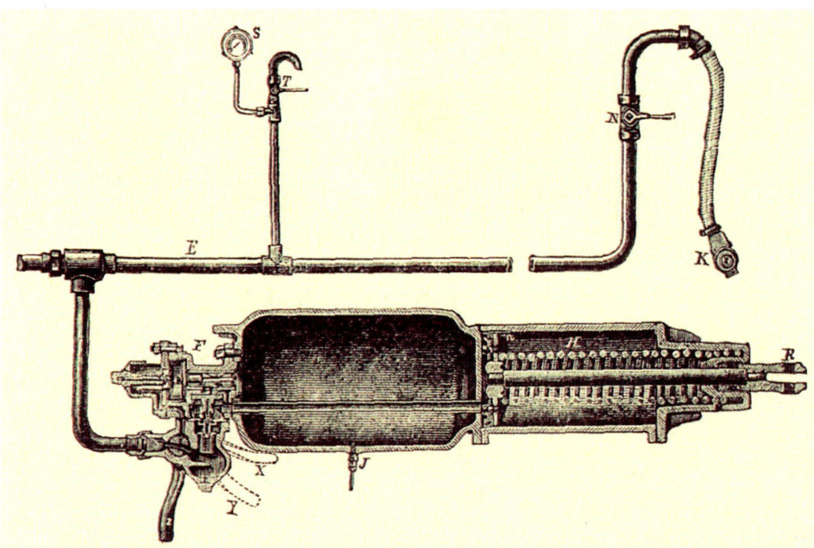

Luftdruckbremse von Westinghouse.

Die Westinghouse-Bremse

Der US-Amerikaner George Westinghouse hatte 1872 für seine bahnbrechende Erfindung der Druckluftbremse ein Patent erhalten. Dieses System Westinghouse ermöglichte es dem Lokführer, von seinem Arbeitsplatz aus alle Wagen und die Lok gleichzeitig zu bremsen. Das ersparte nicht nur den Bremser an jedem Waggon, sondern es erlaubte auch höhere Geschwindigkeiten der Züge. Westinghouse gründete zur Produktion dieser Bremseinrichtungen die Firma Westinghouse Air Brake Company (WABCO). In Deutschland wurde die Westinghouse-Bremse zunächst in Schnellzügen und dann sukzessive in den anderen Personenzügen eingebaut. 1887 verbesserte Westinghouse seine Erfindung zur Westinghouse-Schnellbremse.

1872

Zwei Dampfloks der Schwarzwaldbahn – die Lok 41 018 und die Lok 01 202 – schnaufen hintereinandergekuppelt im Teamwork zwischen Triberg und St. Georgen vor der Sommerauer Passhöhe während des traditionellen „Dreikönigsdampfs" im Januar 2009.

Erste deutsche Gebirgsbahn im Schwarzwald

Die Schwarzwaldbahn wurde von den Badischen Staatsbahnen als Verbindungsstrecke von Offenburg über Villingen nach Singen gebaut, um den Umweg durch das Rheintal zu vermeiden. 1873 wurde mit dem Abschnitt zwischen Hausach und Villingen das letzte Teilstück der 149 Kilometer langen Strecke dem Verkehr übergeben. Die Schwarzwaldbahn hat Steigungen bis zu 20 Promille zu überwinden und ist Deutschlands älteste Gebirgsbahn. Der anspruchsvollste Teil der Bahn führt von Hornberg (386 m) über Sommerau (834 m) bis nach St. Georgen (808 m) und überwindet die Wasserscheide zwischen den Stromgebieten des Rheins und der Donau. Der längste der insgesamt 39 Tunnel der Strecke ist der 1.696,6 Meter lange Sommerautunnel, der in einer Steigung von 18,5 Promille liegt. 1977 wurde die Schwarzwaldbahn elektrifiziert.

1873

Der Bahnhof Triberg im Schwarzwald um das Jahr 1910.

Lokomotiven, Wagen und Bahnanlagen aus 175 Jahren

Siemens baut die erste Elektrolok der Welt

Als Werner Siemens 1867 die dynamo-elektrische Maschine erfand, hatte er die Möglichkeit geschaffen, elektrischen Strom in unbegrenzter Menge zu fördern. Sein Ziel war es in erster Linie, für Berlin ein Netz elektrischer Hochbahnen zu schaffen. Es dauerte aber noch bis 1879, dass er auf der Berliner Gewerbeausstellung eine kleine Ausstellungsbahn vorführen konnte. Siemens erregte gewaltiges Aufsehen. Die kleine Gleichstromlok beförderte mit bis zu 18 km/h Gäste über das Gelände. Am 16. Mai 1881 eröffnete die Firma Siemens & Halske auf eigene Kosten eine Probebahn vom Bahnhof Lichterfelde zur Hauptkadettenanstalt in Groß-Lichterfelde. Damit wurde erstmals ein elektrisch betriebener, regelmäßiger Personenverkehr durchgeführt.

1879

Die Signalordnung vereinheitlicht den Betrieb

Die Reichsverfassung hatte in den Artikeln 42 und 43 die Bundesregierungen, also die einzelnen Staaten verpflichtet, für einheitliche Normen und Regelungen zu sorgen, damit ein reibungsloser Verkehr erfolgen konnte. Eine der wesentlichen Folgen dieser Aufgabe war die erste einheitliche Signalordnung für die Eisenbahnen Deutschlands, die zum 1. April 1875 in Kraft getreten ist. Sie ist später mehrfach geändert und ergänzt worden. Für den Dienstgebrauch wurde bei den meisten deutschen Bahnen ein Signalbuch eingeführt. Es enthielt außer den Vorschriften der Signalordnung noch Ausführungsbestimmungen und meistens einen Anhang über besondere in der Signalordnung nicht vorgesehene Signale.
Es gab verschiedene Arten von Signalen. Das konnten sein: Läutesignale, Wärtersignale, Hauptsignale, Vorsignale, Signale am Wasserkran, Weichen- und Gleissperrsignale, Signale am Zug, Signale an einzelnen Fahrzeugen, Signale des Zugpersonals oder Rangiersignale. Bayern hatte etwas anders geformte Flügelsignale und als Besonderheit das Ruhesignal.

1875

Preußische Güterzuglok G 3 wird ein Erfolg

1877 wurde die erste von über 2.000 Dampfloks der Gattung G 3 fertiggestellt. Dieser bis 1886 gebaute Dreikuppler wurde zur Standard-Güterzuglok der Preußischen Staatsbahnen. Die ersten Exemplare wurden für die Königlich Preußische Militär-Eisenbahn zum Einsatz auf der „Kanonenbahn" genannten Berlin-Wetzlarer Eisenbahn beschafft. Weil sie sich sehr gut bewährte, wurde sie auch von anderen Staats- und Privatbahnen, vor allem aber von den preußischen Staatseisenbahnen gekauft. Die G 3 unterschied sich von der Preußischen G 4.1 durch ihren niedrigeren Kesseldruck. Einige Loks wurden später mit Kesseln mit höherem Kesseldruck ausgestattet und dann in die Gattung G 4.1 eingeordnet. Die verbliebenen Fahrzeuge erhielten 1925 in der Reichsbahn die Baureihenbezeichnung 53^{70-71}.

1877

Hannover: Der Hauptbahnhof wird eröffnet

Die Hauptstadt des damaligen Königreichs Hannover besaß ab 1843 einen Eisenbahnanschluss. Der erste Bahnhof wurde aber nicht vor 1847 fertig. Weil 1873 beschlossen wurde, die Bahnstrecke höherzulegen, um die Zirkulation des Straßenverkehrs nicht zu behindern, wurde auch ein neuer, größerer und repräsentativer Bahnhof gebaut, der den Zugang zu den Zügen in einem oberen Stockwerk erlaubte. Anders als bei den meisten Großstädten hatte man in Hannover schon früh auf einen Durchgangsbahnhof gesetzt, der einen schnelleren Verkehrsfluss erlaubte als der anderswo favorisierte Kopfbahnhof.
Am 22. Juni 1879 wurde der neue Hauptbahnhof von Hannover in Betrieb genommen. Ein Bombenangriff in der Nacht vom 8. auf den 9. Oktober 1943 hat das dreiteilige klassizistische Empfangsgebäude weitgehend zerstört.

1879

Der neue Anhalter Bahnhof in Berlin

Da der alte Anhalter Bahnhof in der Reichshauptstadt dem Verkehr nicht mehr gewachsen war, musste er einem Neubau weichen, der zu einem Höhepunkt der deutschen Bahnhofsarchitektur werden sollte. Er wurde in zwei Etagen errichtet, wobei die Züge aus dem Gleis in den ersten Stock einfuhren. Auch in Berlin war die Bahntrasse hochgelegt worden, um dem Straßenverkehr schrankenlose Freiheit zu geben. Die Halle hatte die größte Spannweite auf dem Kontinent aufzuweisen. Sechs Jahre dauerten die Arbeiten. Endlich, am 15. Juni 1880, wurde der Neubau in Anwesenheit von Kaiser Wilhelm I. und Otto von Bismarck eingeweiht. Der Anhalter Bahnhof wurde im Zweiten Weltkrieg schwer beschädigt und die Ruine 1959 auf Anordnung der Staatsführung der DDR dem Erdboden gleichgemacht. Lediglich ein Stück des Eingangsportals ist stehen geblieben.

1880

Die ersten Speisewagen in Deutschland

Fernzüge mussten in den ersten Jahren größere Pausen einlegen, damit die hungrigen Fahrgäste in den Bahnhofsrestaurants verköstigt werden konnten. Diese Haltezeiten bedeuteten natürlich eine Verlängerung der Reisedauer. Um hier Abhilfe zu schaffen, wurden ab 1880 Speisewagen in den Zug eingereiht. Die ersten Modelle waren noch aus Holz gefertigt, edel ausgestattet und bei betuchten Bahnreisenden sehr beliebt. Immer mehr Züge verkehrten in den folgenden Jahren mit einem eingereihten Speisewagen. In späteren Jahren wurden moderne Ganzstahlwagen verwendet, die besonders angesichts des in den Speisewagens nötigen Umgangs mit Feuer sicherer waren.

1880

Lokomotiven, Wagen und Bahnanlagen aus 175 Jahren

Die Drachenfelsbahn nimmt ihren Betrieb auf

Der Drachenfels galt um 1880 als der am meisten bestiegene Berg Europas, denn die Aussicht von dort oben auf das Mittelrheintal ist höchst eindrucksvoll. Das nahmen einige Bürger von Königswinter zum Anlass, über den Bau einer Eisenbahn an den Gipfel nachzudenken. Das Ergebnis war die erste deutsche Zahnradbahn, die am 17. Juli 1883 zum ersten Mal zur Bergstation hochfuhr. Die Steigung liegt bei bis zu 180 Promille. Bis 1953 waren Zahnrad-Dampfloks im Betrieb. Dann wurde die Strecke elektrifiziert. Die Zahnstangenbahn System Riggenbach war in einer Spurweite von einem Meter errichtet worden und überwand eine Entfernung von eineinhalb Kilometern. Zwischen Mitte November und Ende Dezember steht die Drachenfelsbahn still.

1883

Die Omnibus-Lok T 0

1880

1880 kam erstmals bei den Preußischen Staatseisenbahnen eine von August von Borries entworfene zweizylindrige Verbunddampflokomotive T 0 im Lokalverkehr im Raum Hannover zum Einsatz. Ihr besonderer Vorteil war der deutlich geringere Wasser- und Kohleverbrauch. Die Verbundbauart beruhte auf dem Prinzip der doppelten Dampfdehnung, das der Schweizer Anatole Mallet 1874 entdeckt hatte. Der Dampf arbeitete zuerst in einem Hochdruckzylinder und bewegte die hintere Treibachse, dann gelangte er in einen größeren Niederdruckzylinder, wo er für eine zweite Expansion sorgte. Bei den beiden Loks der Bauart T 0 wurde nur die hintere Achse angetrieben. Ungewöhnlich sind die gleich großen Räder.

Geburt eines Dauerbrenners: Preußische T 3

Eine der berühmtesten Vertreterinnen nicht nur der Tenderloks, sondern auch von Dampflokomotiven überhaupt war in der Ära der Länderbahnen die preußische T 3, von der zwischen 1882 und 1910 fast 1.400 Stück gebaut wurden. Sie wurde später von der Deutschen Reichsbahn in die Baureihe 89 eingegliedert. Ihre Einsatzfelder lagen im Rangierbahnhof und auf Nebenstrecken. Die ersten Exemplare wurden von Henschel geliefert, später kamen auch andere Hersteller dazu. Im Laufe der Bauzeit kam es zu technischen Verbesserungen, zum Beispiel ab 1887 ein Dampfdom, der den Regleraufsatz ablöste. Das abgebildete Modell wurde von der Reichsbahn Ost 1945 aus privaten Händen übernommen.

1882

Der Speisewagen im Orientexpress von 1883.

Der Orientexpress kommt nach Deutschland

Mit der Verbindung der Schienennetze auch im internationalen Rahmen waren inzwischen echte Fernfahrten möglich geworden. Am 5. Juni 1883 lief aus dem Bahnhof Paris Est ein Zug, der zu der vielleicht größten Eisenbahnlegende schlechthin geworden ist: der Orientexpress. Die Reise konnte ausschließlich erster Klasse gebucht werden. Der Luxus eines First-Class-Hotels erwartete die Fahrgäste. Salon-, Schlaf- und Speisewagen machten die lange Fahrt äußerst bequem. Das Essen entsprach besten Hotelstandards. Endpunkt der Reise war die türkische Hauptstadt Konstantinopel. Im Ersten und Zweiten Weltkrieg wurde die Strecke unterbrochen. Der Orientexpress begann aber immer wieder zu fahren, wenn auch der Luxustraum sein Ende bereits 1914 gefunden hatte.

1883

Die Orientexpress-Lok Patent Nr. 380 von 1874 der Firma Krauss & Co. – diese Lok steht heute vor dem alten Bahnhof in Istanbul.

1884

Preußen setzt neue Personenzuglok P 3 ein

Die Gattungsbezeichnung P 3 ist etwas irreführend, denn die Preußischen Staatsbahnen subsummierten eine ganze Reihe unterschiedlicher Typen unter dieser Bezeichnung. Der wichtigste Vertreter mit fast 700 gebauten Exemplaren war die P 3^1, die zwischen 1884 und 1899 hergestellt wurde. Diese Lok wurde auch von anderen Eisenbahnbetrieben, vor allem in Mecklenburg und Hessen, beschafft. Kennzeichen der P 3 waren die beiden Treibachsen mit vorn positionierter Laufachse und ein langer Kessel. Da die Ansprüche an Loks im Personenzugverkehr schnell anstiegen, erlebte keine P 3 die Zeit der Umzeichnung von 1925, wenn auch die Baureihenbezeichnung 34^{70} für sie reserviert worden war.

Frankfurt bekommt einen Hauptbahnhof

Frankfurt ist nicht nur wegen seines Flughafens, sondern auch mit seinem Hauptbahnhof heute die wichtigste Verkehrsdrehscheibe Deutschlands. Bis zur Einweihung des neuen Hauptbahnhofs am 18. August 1888 besaß Frankfurt drei kleinere Bahnhöfe im Westen der Stadt, deren Kapazitäten allerdings nur allzu oft gesprengt wurden. Es wurde deshalb in der ab 1866 zu Preußen gehörenden Stadt beschlossen, einen Großbahnhof zu errichten. Empfangsgebäude und Bahnsteighalle wurden von zwei unterschiedlichen Architekten realisiert. 18 Gleise standen dem Kopfbahnhof zur Verfügung. 1924 waren es nach einem Erweiterungsbau sogar 25. Der Frankfurter Hauptbahnhof war einer der wenigen, die im Zweiten Weltkrieg relativ glimpflich davonkamen.

1888

Lokomotiven, Wagen und Bahnanlagen aus 175 Jahren

1893

Preußen setzt die Güterzuglok G 7^1 ein

Die Gattung G 7^1 der Preußischen Staatseisenbahnen wurde ab 1893 durch Vulcan in Stettin gebaut, später aber auch von anderen preußischen Lokproduzenten. Bei diesem Typ handelte es sich um vierfach gekuppelte Güterzuglokomotiven. Ihr Kessel war der gleiche wie bei der G 5^1. Die Lokomotiven sind beschafft worden, um im schweren Güterverkehr auf steigungsreichen Strecken eingesetzt zu werden. Die Loks bewährten sich sehr gut und hatten lange Laufzeiten. Bei der Reichsbahn wurden sie mit der Baureihenbezeichnung 55 versehen. In der Folge von Kriegen gelangte die G 7^1 unter anderem in französische, polnische und österreichische Dienste. Die letzten Exemplare dieser Gattung wurden in der DDR erst 1966 außer Dienst gestellt.

Die Eisenbahn führt eine einheitliche Zeit ein

In Österreich-Ungarn wurde am 1. November 1890 die Zonenzeit des 15. Längengrads als Mitteleuropäische Eisenbahn-Zeit eingeführt. Die Fahrpläne wurden dementsprechend angepasst. Am 1. April 1892 folgten diesem Beispiel Bayern, Württemberg, Baden und Elsass-Lothringen. Bis zu einem einheitlichen Gesetz für ganz Deutschland dauerte es noch fast ein weiteres Jahr. Am 1. April 1893 wurde die Mitteleuropäische Zeit für das Deutsche Reich als gesetzliche Zeit eingeführt und damit die Zeitrechnung im gesamten deutschen Verkehrsleben, im Eisenbahn-, Post- und Telegraphendienst, mit der bürgerlichen Zeit in Übereinstimmung gebracht. Vorher galt die Uhrzeit der Hauptstädte, also die Berliner, Münchner, Stuttgarter Zeit etc. Das war natürlich bei länderübergreifenden Bahnfahrten sehr unpraktisch.

1893

Schnellzuglok S 3 in Preußen gebaut

Zwischen 1893 und 1904 baute die Hanomag 1.027 Schnellzuglokomotiven der S 3, eine vierachsige Lok, bei der vier Räder angetrieben wurden. Sie war als Verbundlokomotive konstruiert und hatte den gleichen Kessel wie das Vorgängermodell S 2. Die Reichsbahn gab der S 3 im Umzeichnungsplan von 1925 die Baureihenbezeichnng 13^{0}. Allerdings wurden die letzten Exemplare bereits 1927 ausgemustert. Rückblickend war die S 3 die meistgebaute Schnellzuglokomotive. Doch hier sieht man am ehesten die fortschreitende Technik, denn die Höchstgeschwindigkeit von 100 Stundenkilometern war in späteren Jahren nicht mehr ausreichend.

1893

Die ersten D-Züge verkehren im Reich

Am 1. Mai 1892 wurde in Preußen eine Zuggattung eingeführt, die den Schnellverkehr in neue Dimensionen hob. Der D-Zug bestand aus neuen und komfortablen Wagen, die durch Faltenbälge und Übergangsplattformen miteinander verbunden waren. Man konnte somit im Zug von ganz vorn bis zum Zugende laufen. Diese Durchgangszüge hatten nur Wagen der 1. und 2. Klasse sowie einen eigenen Speisewagen. Die ersten beiden Linien liefen von Berlin nach Köln bzw. Frankfurt am Main. In den folgenden Jahren wurden alle Schnellzüge durch neue D-Zug-Garnituren ersetzt. Lange Jahre war der D-Zug das Spitzenangebot bei den deutschen Eisenbahnen. Diese Höchstleistung war selbstverständlich zuschlagspflichtig.

1892

Lokomotiven, Wagen und Bahnanlagen aus 175 Jahren

Der Kölner Hauptbahnhof wird eröffnet

Die Stadt Köln hatte für das preußische Eisenbahnwesen eine ganz besondere Bedeutung. Sie war als größte Stadt der Rheinprovinz auch ein wichtiges Wirtschaftszentrum. Deshalb war Köln schon früh an das Eisenbahnnetz angeschlossen. Da die Rheinbrücke zunächst noch fehlte, musste es östlich und westlich des Rheins verschiedene Bahnhöfe geben. 1859 wurde nach dem Brückenbau in unmittelbarer Nähe zum Dom ein Zentralbahnhof errichtet. Allerdings erwies sich diese Anlage sehr bald als zu klein. Zwischen 1889 und 1894 wurde deshalb ein neuer Hauptbahnhof gebaut, bei dem auch gleich die Gleise hochgelegt wurden. Der Bahnhof wurde nach schweren Beschädigungen im Zweiten Weltkrieg in den fünfziger Jahren neu gebaut.

1894

Die Preußische Staatsbahn und Hessen

Da die hessischen Staatsbahnen allein nicht überleben konnten, suchte das Land die Hilfe Preußens. Es kam am 1. April 1897 zur Vereinigung der beiden Staatsbahnen in der „Königlich Preußischen und Großherzoglich Hessischen Staats-Eisenbahn" (K.P.u.G.H.St.E.). Das Ganze war eigentlich ein Anschluss der Hessen, denn Uniformen und Reglement wurden von Preußen übernommen. Die Zentrale in Mainz wurde einer preußischen KED (Königliche Eisenbahn-Direktion) angepasst. Mit dieser Fusion war das alte Kürzel K.P.E.V. veraltet. Diese Vereinigung blieb die einzige unter den Staatsbetrieben in der Zeit des Kaiserreichs. Die Hausmacht Preußens war weiter gewachsen und die Hessen profitierten vom neuen Partner.

1897

Die erste elektrische Vollbahnstrecke

Nach den erfolgreichen Versuchen mit Elektrofahrzeugen und der gut funktionierenden Straßenbahn in Lichterfelde dauerte es doch noch vierzehn Jahre, bis in Deutschland die erste elektrisch betriebene Vollbahn in Normalspur an den Start gehen konnte. Am 4. Dezember 1895 hatte die Münchner Lokalbahn Aktiengesellschaft in Oberschwaben zwischen Meckenbeuren und Tettnang eröffnet. Die Strecke hatte eine Länge von 4,2 Kilometern. Der Strom, der aus einem nahe gelegenen Wasserkraftwerk stammte, wurde auf 650 Volt Gleichstrom gebracht. Als Fahrzeuge wurden Elektrotriebwagen eingesetzt. 1938 übernahm bei einer großen Verstaatlichungswelle die Reichsbahn auch diese Strecke. Nach dem Krieg wurde auf den elektrischen Betrieb verzichtet. Stattdessen verkehrten Dampfloks und Dieselloks sowie Schienenbusse. Angesichts zurückgehender Fahrgastzahlen schloss die Bundesbahn die Strecke 1976 für den Personenverkehr. 1995 – im Jahr des hundertjährigen Bestehens – kam es zur vollständigen Stilllegung.

1895

Lokomotiven, Wagen und Bahnanlagen aus 175 Jahren

1898

Dresden feiert seinen neuen Hauptbahnhof

Wie in vielen anderen Städten, sah die Bahnhofsituation im Dresden der 1850er und 1860er Jahre alles andere als rosig aus. Verschiedene Einrichtungen waren über die ganze Stadt verteilt. Viele von ihnen gehörten Privatbahnen. Das änderte sich aber zum Ende der 1880er Jahre. An der Stelle des Böhmischen Bahnhofs sollte ein neuer Hauptbahnhof entstehen. Am 16. April 1898 waren alle Arbeiten abgeschlossen. Doch bereits im kommenden Jahrzehnt musste man feststellen, dass man nicht groß genug gebaut hatte. Erweiterungen waren nötig, die kriegsbedingt erst in den zwanziger Jahren durchgeführt werden konnten. Bei der schrecklichen Bombennacht am 13./14. Februar 1945 wurde die Anlage komplett zerstört. Der Wiederaufbau dauerte viele Jahre. In den Bildern der Vergleich zwischen 1898 und 2006.

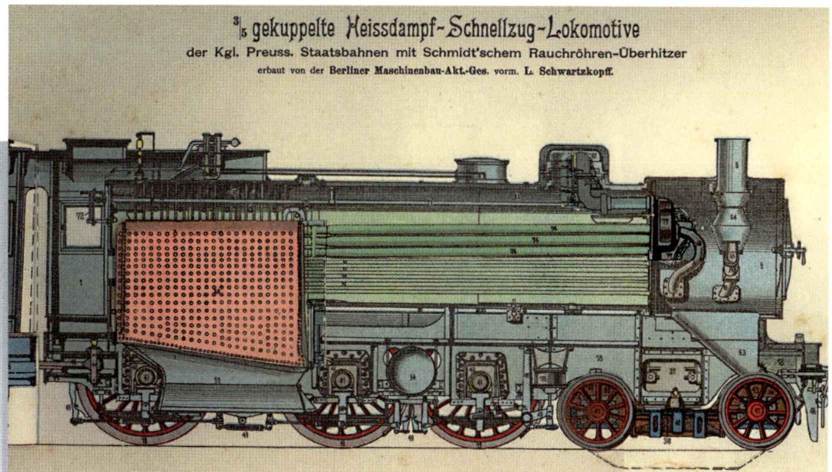

Preußen setzt die erste Heißdampflok ein

Der Ingenieur Wilhelm Schmidt aus Kassel hatte sich 1894 sein System der Heißdampflokomotive patentieren lassen. Um den Heißdampf zu erzeugen, musste der Sattdampf in einem Überhitzer noch weiter erwärmt werden. Statt der bislang üblichen ca. 203 °C wurde der Dampf nun auf fast 400 °C erhitzt. Aufgrund dessen geringerer Dichte wurde für die Füllung der Zylinder weniger Dampf verbraucht. Ein weiterer positiver Effekt waren verringerte Kondensationsverluste. Insgesamt wurde also der Wirkungsgrad deutlich verbessert. Allerdings führten die hohen Temperaturen zunächst zu Schmierproblemen, die erst nach und nach gelöst werden konnten. Der preußische Bahnchef Garbe wagte 1897 mit einer umkonstruierten Schnellzuglok S 3 und der Personenzuglokomotive P 4 die Umsetzung von Schmidts Idee in die Praxis. Das Resultat übertraf alle Erwartungen. Fast nur noch halb soviel Wasser und ein Fünftel weniger Kohle wurden mit dieser Technik verbraucht.

1897

Eisenbahn im Harz

1896 wurde die Nordhausen-Wernigeroder Eisenbahngesellschaft (NWE) gegründet, die es sich zur Aufgabe gemacht hatte, eine Eisenbahn quer durch den Harz zu bauen, um den weiten Umweg am Fuß des Gebirgsstocks zu vermeiden. Bereits ein Jahr später konnte das erste Teilstück eröffnet werden. Die Schienen wurden in Meterspurweite gelegt. Die Streckenlänge beträgt 46,4 Kilometer.
Neben der Querung wurde auch eine Strecke auf den Gipfel des Brockens gelegt, des höchsten norddeutschen Berges und als Walpurgisnacht-Festplatz der Hexen voller mystischer Geheimnisse. So sind nicht nur Geschäftstätige gute Kunden der Bahn gewesen, sondern auch interessierte Touristen oder kulturell angehauchte Fans von Goethe und Heine.
Während der DDR-Zeit war der Brocken als militärisches Sperrgebiet dem Normalbürger verwehrt. Inzwischen gehören die Harzquerbahn und die von Wernigerode startende Brockenbahn zu Anziehungspunkten des internationalen Tourismus. Hier kann man heute noch regelmäßig Dampfloks fahren sehen.

1898

Lokomotiven, Wagen und Bahnanlagen aus 175 Jahren

Fairlie-Loks der Rollbockbahn

Die Chemnitzer Firma Hartmann baute 1902 für die Meterspurstrecke von Reichenbach nach Oberheinsdorf, der sogenannten Rollbockbahn, drei äußerst ungewöhnliche Lokomotiven. Ihr wesentliches technisches Merkmal war ein zentral eingebauter Stehkessel, der von zwei gegenüberliegenden Feuerbüchsen gespeist wurde. Die Loks hatten auch zwei gegenüberliegende Rauchkammern und zwei Schornsteine. Diese Konzeption stammte von dem schottischen Ingenieur Fairlie. Ziel dieses Typs war es, durch einen Antrieb aller Achsen die Zugkraft zu erhöhen und auf steilerem Gelände besser zurechtzukommen. Das war für die Rollbockbahn mit Steigungen bis zu 40 Promille von Vorteil. Ursprünglich waren die Loks voll verkleidet, was für das Personal unangenehme Hitze bedeutete.

1902

Preußen baut die Tenderlok T 12

Diese Tenderlokomotive wurde vor allem für den Berliner Vorortverkehr gebaut. Erstmals 1902 wurde eine Versuchsmaschine dieses Typs auf die Schienen gebracht. Bemerkenswert ist, dass es sich hier um eine Heißdampflok handelte. Da der Vorortverkehr viele Halte bedeutete, kam es bei diesen Maschinen darauf an, dass sie gute Beschleunigungswerte aufweisen konnten. Eine starke Höchstgeschwindigkeit fiel da nicht so ins Gewicht. Die lag bei der T 12 auch nur bei 80 Stundenkilometern. Die T 12 war ein Dreikuppler mit vorausfahrender Laufachse. In Serie wurde diese Lok ab 1905 gebaut und verkaufte sich auch bei anderen Eisenbahnbetrieben nicht schlecht.
Im Benennungsschema der Reichsbahn wurde diese Lok als Baureihe 74^{4-13} eingereiht. Erst 1968 erreichten die letzten Loks dieser Baureihe den wohlverdienten Ruhestand.

1902

Die Scharfenberg-Kupplung

Eine „Mittelpufferkupplung mit Öse und drehbarem Haken als Kuppelglieder" meldete der deutsche Ingenieur Karl Scharfenberg am 6. Mai 1903 zum Patent an. Bis sich die neue Technik bei der Eisenbahn bewähren konnte, sollte es noch sechs Jahre dauern. Allerdings blieb es vor dem Ersten Weltkrieg bei Versuchen. In der Weimarer Republik interessierten sich immer mehr Eisenbahnbetriebe für die Scharfenberg-Kupplung, die gerne als „Schaku" abgekürzt wurde. 1935 gab es in Europa etwa 20.000 Kupplungen im Einsatz. Jetzt reagierte auch die Reichsbahn und stattete ihre Diesel-Schnelltriebwagen und den Henschel-Wegmann-Zug mit Schakus aus. Die Funktionsweise der Scharfenberg-Kupplung ist folgende:
Die Kupplungen zweier Fahrzeuge werden fest miteinander verbunden. Dadurch werden die Zug- und Druckkräfte übertragen und schaukeln sich nicht auf. Um eine größere Laufruhe zu erreichen, werden Stoßsicherungen an der Kupplung befestigt, die störende Kräfte abfangen. Heute sind die Schakus vor allem bei Hochgeschwindigkeitszügen Standard.

1903

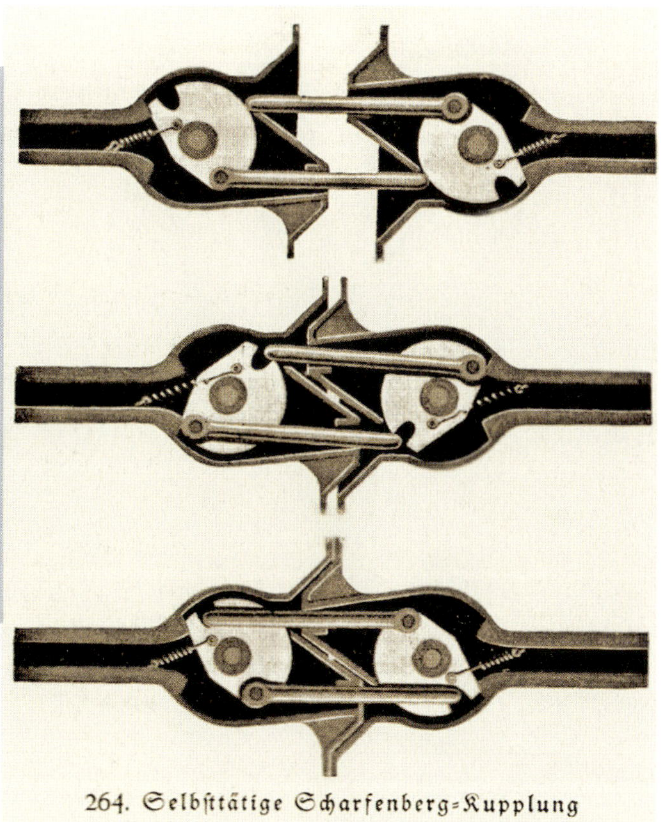

264. Selbsttätige Scharfenberg-Kupplung
Vor dem Kuppeln; während des Kuppelns; gekuppelt

Geschwindigkeitsweltrekord mit Elektrolok

Es waren Sternstunden der Eisenbahngeschichte, die Oktobertage 1903. AEG und Siemens hatten Elektrotriebwagen gebaut, die in diesen Tagen auf der militärischen Versuchsstrecke zwischen Marienfelde und Zossen erprobt wurden. Die ersten Tests zeigten bereits, dass der Unterbau verstärkt und die Schienen versteift werden mussten. Ansonsten waren hohe Geschwindigkeiten nicht möglich. Am 23. Oktober durchbrach der Siemens-Triebwagen erstmals die magische Grenze von 200 km/h. 206,7 km/h bedeuteten einen fabelhaften neuen Weltrekord! Doch der AEG-Triebwagen setzte noch einen drauf. Am 28. Oktober wurden bei seiner Fahrt 210,2 km/h gemessen. Die Deutschen hatten bewiesen, dass der Elektrotraktion die Zukunft gehörte. Es wurde aber auch deutlich, dass für einen sicheren Betrieb mit Passagieren noch allerhand Arbeit geleistet werden musste.

1903

Eisenbahn-Bau- und Betriebsordnung

Die Eisenbahn-Bau- und Betriebsordnung vom 4. November 1904 (zuerst wurde sie mit B.O. abgekürzt, später EBO) fasste alle Bestimmungen zusammen, die in Deutschland zur Gewährleistung einer einheitlichen Bauweise und der Regelmäßigkeit, Stetigkeit und Sicherheit des Betriebes für Haupt- und Nebenbahnen galten. Am 1. Mai 1905 traten diese Bestimmungen in Kraft. Die B.O. ersetzte die „Normen für den Bau und die Ausrüstung der Haupteisenbahnen Deutschlands“, die „Betriebsordnung für die Haupteisenbahnen Deutschlands“ und die „Bahnordnung für die Nebeneisenbahnen Deutschlands“, alle vom 5. Juli 1892. Damit waren erstmals alle Bestimmungen in einem Text zusammengefasst und galten für alle deutschen Eisenbahnbetriebe.

1905

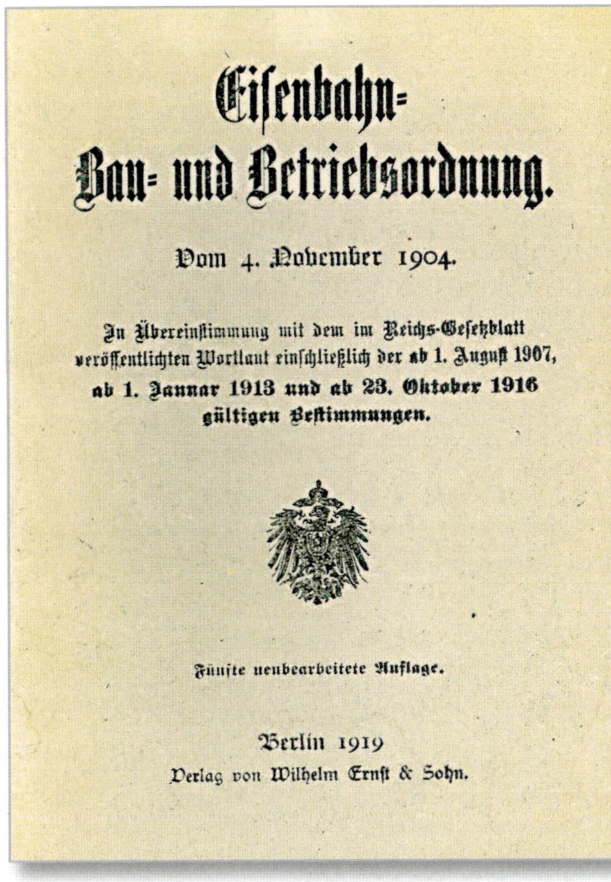

Eisenbahn-
Bau- und Betriebsordnung.

Vom 4. November 1904.

In Übereinstimmung mit dem im Reichs-Gesetzblatt veröffentlichten Wortlaut einschließlich der ab 1. August 1907, ab 1. Januar 1913 und ab 23. Oktober 1916 gültigen Bestimmungen.

Fünfte neubearbeitete Auflage.

Berlin 1919
Verlag von Wilhelm Ernst & Sohn.

Geburt der preußischen T 11

Diese Tenderlokomotive ist das Schwestermodell der T 12, die parallel entwickelt worden war. Zwischen 1903 und 1910 wurden 470 Maschinen dieses Typs gebaut. Wichtigster Unterschied war, dass diese Lok mit der Nassdampftechnik arbeitete. Auch die T 11 kam vor allem im Vorortverkehr der Reichshauptstadt Berlin zum Einsatz. Im Gegensatz zur sparsamen T 12 wirkte dieses Modell eher rückständig. Aus diesem Grund wurden später mehrere zu Heißdampfloks umgebaut. Keine der T 11 hat die Reichsbahnzeit noch erlebt. Allerdings wurden vier Exemplare der Lübeck-Büchener Eisenbahn noch als Baureihe 74^{0-3} umgezeichnet. Die abgebildete Lok ist die ehemalige Hannover 7512. Sie gehört heute dem Eisenbahnmuseum Minden.

1903

Lokomotiven, Wagen und Bahnanlagen aus 175 Jahren

Geschwindigkeitsrekord aus Bayern

1907

Knapp vier Jahre nach den Fabelweltrekorden der beiden Elektrotriebwagen von AEG und Siemens konnte eine deutsche Dampflok für Aufsehen sorgen. Maffei hat in München eine Schnelldampflok gebaut, mit sehr großen Treibrädern, die einen Durchmesser von 2,2 Metern hatten, und ein möglichst windschnittiges Design. Die von den Königlich Bayerischen Staats-Eisenbahnen in Auftrag gegebene S 2/6 war eine Heißdampf-Verbundlok mit vier Zylindern. Sie wurde 1906 extra dafür gebaut, Tests im Hochgeschwindigkeitsbereich durchzuführen. Bei einer solchen Fahrt gelang ihr ein deutscher Dampflokrekord von 154,2 Stundenkilometern auf der Strecke Augsburg–München. Erst 1936 wurde dieser Wert überboten. Die S 2/6 ist heute ein Schmuckstück im Nürnberger Verkehrsmuseum.

Dienstkleidung der Bayerischen Staatsbahn

Bayern und einige andere Länder hatten in der Kaiserzeit einige als Reservatrechte bezeichnete Vorschriften und Einrichtungen. Dazu gehörte die eigene Eisenbahn, die sich auch bei der Uniform von den anderen Bundesstaaten unterschied. In der Regel trugen Lokführer und Heizer dunkelgraue Arbeitskleidung. Wenn es aber etwas nobler zugehen musste, dann schlüpften sie in ihre Uniformen, die aus einem dunkelblauen Rock, schwarzer Hose und einer ebenso dunkelblauen Dienstkappe bestanden. Hier führen der Lokführer der Rekordfahrt von 1907 auf der S 2/6, Johann Zuschanko aus Augsburg, und sein Heizer die damals gebräuchliche Uniform vor.

1907

Die erste Wechselstromlok E 69

Die Lokalbahn Aktien-Gesellschaft (LAG) aus München hatte die Ammergaubahn von Murnau nach Oberbayern elektrifiziert und wollte sie mit 5 kV/16 ⅔ Hz betreiben. Dafür wurde eine Lok beschafft, die im Gütertransport arbeiten sollte. Der elektrische Teil der kleinen Maschine stammte von Siemens, der Fahrzeugteil kam von der Katharinenhütte aus der Pfalz, weshalb die Lok liebevoll „Katharina" getauft wurde. Ihre Dienstbezeichnung war LAG 1. Mit der Übernahme der Bahnlinie durch die Reichsbahn erhielt die Lok die Baureihenbezeichnung E 69 01. Erst 1954 wurde die Lok außer Dienst gestellt. Sie kann den Ruhm beanspruchen, die erste deutsche Einphasenwechselstrom-Lokomotive zu sein. Bis 1930 wurden noch vier weitere Fahrzeuge dieses Typs gebaut, die allerdings eine wesentlich höhere Leistung aufwiesen. Da einige Loks noch bis 1981 fuhren, erhielten sie sogar noch eine neue Bezeichnung im EDV-Baureihensystem: die 169.

1905

Das „Glaskastl" wird gebaut

Zwischen 1905 und 1914 bauten Krauss und Maffei 48 preisgünstige und praktische Loks, die für den Einsatz auf Lokalbahnen vorgesehen waren. Die nüchtern als PtL 2/2 bezeichneten Fahrzeuge hatten schnell einen anderen Namen bekommen: das „Glaskastl", wegen seines verglasten Führerstands. Der Zweikuppler besaß eine halbselbstständige Schüttfeuerung. Das war sehr praktisch, denn dadurch reichte ein Mann aus, die Lok zu bedienen. Einige Loks wurden 1925 in das neue Baureihenschema überführt. Sie erhielten die Bezeichnung 98³. Die letzten Modelle dieser Reihe wurden bis 1963 ausgemustert. Das „Glaskastl" ist unter Eisenbahnfreunden sehr beliebt und gehört zu den bekanntesten deutschen Dampfloks.

1905

Einweihung des Hamburger Hauptbahnhofs

Wie schon in anderen deutschen Großstädten, war auch in der Hansestadt die Bahnhofssituation gegen Ende des 19. Jahrhunderts nicht zufriedenstellend. Deshalb wurde ein neuer Großbahnhof konzipiert, der den steigenden Verkehr auf zwölf Gleisen problemlos aufnehmen konnte. Er sollte ein richtiger Glaspalast werden mit einer 150 Meter langen und 35 Meter hohen Bahnsteighalle, die bei der Eröffnung des Hauptbahnhofs am 4. Dezember 1906 die größte der Welt war. Die Baukosten von fünf Millionen Mark teilten sich die Hansestadt Hamburg und das Königreich Preußen, zu dem damals ja noch Altona gehörte. Im Zweiten Weltkrieg wurde der Bahnhof sehr stark beschädigt, er konnte jedoch wieder aufgebaut werden.

1906

Der Akkutriebwagen der Bauart Wittfeld

Gustav Wittfeld war um die Jahrhundertwende preußischer Dezernent für die Beschaffung von Lokomotiven. In dieser Funktion war er schon maßgeblich an den Weltrekordfahrten von 1903 beteiligt. Die Elektrotraktion war für ihn die Zukunft der Eisenbahn. Deshalb gehen mehrere Elektroloks und elektrische Triebwagen auf ihn zurück. Seinen Namen erhalten hatten sogar die Akkutriebwagen, die später als Baureihen ETA 177, 178 und 180 bei der Reichsbahn eingereiht wurden. Die Unterschiede lagen in der verwendeten Spannung und der eingebauten Schaltung. Dieses Modell, das einen, machmal auch zwei Beiwagen mitführte, wurde zwischen 1907 und 1914 gebaut. Das Besondere war, dass die Akkumulatoren nach einer Fahrtdauer von bis zu 600 Kilometern wieder aufgeladen werden mussten. Im Nahverkehr überwog der Vorteil eines elektrischen Antriebs ohne Stromleitung.

1907

Die legendäre preußische P 8

Unter den Personenzugloks der Länderbahnzeit ragt die zwischen 1906 und 1923 für die Preußischen Staatseisenbahnen gebaute Heißdampflok P 8 heraus, von der fast genau 3.500 Exemplare existierten. Sie wurde universell eingesetzt und war vor Personenzügen ebenso zu finden wie mit Güterzügen am Haken. Sogar im Schnellverkehr glänzte sie hie und da. Die P 8 erreichte Geschwindigkeiten bis zu 100 km/h. Bis in die siebziger Jahre des letzten Jahrhunderts hinein waren einzelne Fahrzeuge dieser Baureihe noch im Dienst. Bei der Umzeichnung der Lokomotiven durch die Reichsbahn bekam die preußische P 8 die Baureihenbezeichnung $38^{10\text{-}40}$. Auch ins Ausland konnte dieser Typ vielfach verkauft werden. Dank ihrer hohen Stückzahl kann man sie noch in vielen Museen oder bei Nostalgiefahrten bewundern.

1906

Noch eine Legende: Die bayerische S 3/6

Einer der Stars der Länderbahnzeit, aber auch noch in der Reichsbahnära, war die bayerische S 3/6. Vielen gilt sie als die schönste und beste deutsche Dampflok. 1908 zum ersten Mal von der Firma Maffei in München gebaut, war sie eine der wenigen, die noch in der Ära der Einheitsloks der Reichsbahn bis 1931 weiter produziert wurden – jetzt auch bei Henschel. Sie erreichte eine Höchstgeschwindigkeit von 120 km/h. Diese Lok erhielt 1925 die Baureihenbezeichnung 184-5. Die S 3/6 hatte auch die Ehre, den „Rheingold“ zu ziehen, der Deutschlands bester Zug war. Die Dampflok blieb, zum Teil nach Umbauarbeiten, bis 1960 im Dienst. Eine letzte wurde sogar erst 1968 ausgemustert. 18 Exemplare wurden mit 2.000 mm großen Treibrädern ausgestattet. Diese wurden scherzhaft als „Hochhaxige“ bezeichnet.

1908

Güterzuglok mit preußischer Kraft: Die G 10

In Dresden steht ein Exemplar einer weiteren preußischen Institution: die Güterzuglok G 10. Bei der Reichsbahn wurde dieser Typ in die Baureihe 57 einsortiert. Mit über 2.600 gebauten Loks gehört die G 10 zu den großen Erfolgen der KPEV. Sie hatte die für die klassischen Güterzugloks typischen fünf Treibachsen. Zeitweilig war sie parallel mit dem Vierkuppler G 8 (Baureihe 55) gebaut worden. Ihr gegenüber hatte sie den Vorteil einer niedrigeren Achslast. Die Reichsbahn baute diesen Typ noch bis zur Einführung der Einheitsloks 1925 nach. Viele G 10 sind auch ins Ausland verkauft worden oder mussten nach dem Ersten Weltkrieg als Reparationsleistungen abgegeben werden. Bei der Bundesbahn fuhren die letzten bis 1968, in der DDR wurde die letzte G 10 sogar erst 1972 abgestellt.

1910

Preußische Schnellzuglok S 10^1

Die erfolgreichste preußische Schnellzuglok der Kaiserzeit war die S 10, die ab 1910 in verschiedenen Varianten gebaut wurde. Sie war die Königin der Flachlandstrecken, etwa von Berlin nach Königsberg in Ostpreußen. Ab 1910 baute Schwartzkopff die S 10. Ein Jahr später zog Henschel mit der S 10^1 (Bild rechts) nach. Dieser Loktyp war im Gegensatz zur S 10 eine Verbundlok. Sie wurde in Kassel völlig neu konstruiert. 1914 wurde von beiden Ausführungen eine verbesserte Version gebaut. Die Nachfolgerin der S 10 erhielt die Bezeichnung S 10^2 (Bild unten). Sie unterschied sich konstruktiv durch ihre drei Zylinder und wurde bei Vulcan in Stettin gebaut. Die S 10^1 wurde ebenfalls überarbeitet. Unterschieden werden die beiden Zusätze „Bauart 1911" und „Bauart 1914". Die rechts abgebildete S 10^1 steht als einzig erhaltenes Exemplar in Länderbahnlackierung im Dresdner Verkehrsmuseum.

1911

Im Jahr 1911 stellte die Fa. Henschel mit der S 10^1 eine neue Verbundlok vor.

Als Gattung S 10 beschaffte die Preußische Staatsbahn ab 1910 Schnellzugloks in unterschiedlicher Ausführung mit Vierzylinder-, Vierzylinderverbund- oder Dreizylinder-Triebwerk. 135 der insgesamt 200 gebauten Vierzylinder-S 10 wurden von der DRG übernommen und ab 1925 als Baureihe 17^{0-1} geführt. Die hier abgebildete 17 076 (gebaut bei Schwartzkopff 1913, Bauart 2'C h4) des BW Stuttgart-Rosenstein stand bis 1931 im Einsatz.

Lokomotiven, Wagen und Bahnanlagen aus 175 Jahren

Die erste Diesellok der Welt

Sie sah ein bisschen aus wie ein von selbst fahrender Waggon. In der Schweiz am Bodensee absolvierte die erste Großdiesellok der Welt ihre Jungfernfahrt. Rudolf Diesel hatte für die Idee einer Lokomotive mit seinem Motor nach Partnern Ausschau gehalten und zusammen mit dem Berliner Oberbaurat Adolph Klose und der Schweizer Firma Sulzer in Winterthur ein Team gefunden, mit dem er eine Firma gründete. Die Diesel-Klose-Sulzer-Thermolokomotive wurde auf Bestellung der KPEV gebaut. Thermolokomotive hieß sie, weil Diesel seinen Motor als Wärmekraftmaschine bezeichnet hatte. 1913 wurde sie in einer Triumphfahrt nach Berlin überführt. Doch unvermeidliche Kinderkrankheiten und der ein Jahr später einsetzende Erste Weltkrieg verhinderten einen Erfolg dieser Maschine. 1920 wurde die Thermolok verschrottet.

1912

Für Güterzüge quer durch Preußen: Die G 8^1

1902 hatte die KPEV mit der G 8 die erste Heißdampf-Güterzuglok der Welt beschafft, die in Serie gebaut wurde. Diese Lok wurde 1913 verbessert und als G 8^1 bis 1921 weitergebaut. Die G 8^1 war ein Vierkuppler, das heißt, vier Achsen wurden angetrieben. Sie wurde mit einer Stückzahl von ungefähr 5.000 zu einer der meistgebauten deutschen Dampfloks. Ihr Einsatzgebiet waren schwere Güterzüge auf Hauptstrecken. Neben Preußen wurde der Loktyp auch in Mecklenburg, Elsass-Lothringen und dem befreundeten Ausland eingesetzt. Die Deutsche Gesellschaft für Eisenbahngeschichte (DGEG) hat ein Exemplar dieser Güterzuglok in Besitz. Es steht im Museum in Bochum-Dahlhausen auf dem ehemaligen Bahnbetriebswerk (siehe Abbildung).

1913

Touristenattraktion Wendelsteinbahn

1.217 Höhenmeter musste diese mit 1.500 V Gleichstrom fahrende Bahn zurücklegen, um den Bergbahnhof Wendelstein zu erreichen. Ein österreichischer Industrieller hat diese Bergbahn 1912 in seiner Wahlheimat errichten lassen. Die 7,7 Kilometer lange Strecke war auf 6,1 Kilometern mit dem Zahnstangensystem Strub ausgestattet. Die älteste bayerische Zahnradbahn führt durch sieben Tunnel mit insgesamt 119 Metern Länge. Gelegt wurde die Strecke in Meterspur. Über zwei Jahre hatten die Bauarbeiten gedauert. Bis 1961 bestand noch ein Verbindungsstück nach Brannenburg, das eine Verbindung zur Strecke München—Innsbruck geschaffen hatte. Doch die Schienen mussten 1961 einer Straße weichen. Noch heute fahren hie und da Nostalgiezüge mit altem Rollmaterial.

1912

Lokomotiven, Wagen und Bahnanlagen aus 175 Jahren

Bayerische Malletlok für schwere Güterzüge

1913

Hinter der Bezeichnung Gt 2x4/4 steckt die größte Tenderlok, die in Europa bis dahin gebaut worden war. Der Münchner Lokomotivenfabrikant Maffei hatte sie für die Steilrampen des Fichtelgebirges konstruiert, wo sie als Schiebelok für bis zu 670 t schwere Güterzüge eingesetzt wurde. Die bayerische Bezeichnung Gt 2x4/4 bedeutet: Es handelt sich um eine Güterzugtenderlok (Gt) mit zweimal vier angetriebenen Achsen. 2x4 deshalb, weil es sich um eine Verbundlokomotive der Bauart Mallet handelte, die mit Hochdruckzylindern für die hintere Achsgruppe und Niederdruckzylindern für die vordere arbeitete. Nach dem Ersten Weltkrieg wurden noch einmal zehn Maschinen beschafft, die allerdings 120 kW mehr Leistung brachten. In Bayern wurden die Loks 1948 außer Dienst gestellt, eine lief in der DDR noch bis 1954 unter der Reichsbahn-Baureihenbezeichnung 96.

Elektroloks auf dem Vormarsch: E 71

Kurz vor dem Ersten Weltkrieg baute AEG für die elektrifizierte Strecke zwischen Halle, Leipzig, Dessau und Magdeburg zweimotorige Elektroloks mit Stangenantrieb und zwei gekuppelten Drehgestellen. Sie gehören zu den ältesten Modellen dieser Traktionsart in Deutschland und sollten den Güterverkehr bestreiten. Die an das Schweizer „Krokodil" erinnernden Lokomotiven bekamen die Bezeichnungen EG 511 bis 537, wurden aber 1925 als E 71 in die Bestandslisten der Reichsbahn aufgenommen. Insgesamt wurde bis 1924 eine Stückzahl von 27 gefertigt. Die meisten erlebten das Ende des Zweiten Weltkriegs nicht mehr. Die letzten wurden bis in die fünfziger Jahre hinein in Südbaden eingesetzt.

1914

1913

Die T 16[1] aus Preußen unter Dampf

Für Strecken mit besonders viel Steigungen und Gefällestücken hatte Preußen ab 1905 eine fünffach gekuppelte Tenderlok T 16 beschafft. Die guten Erfahrungen mit dieser Lokomotive führten dazu, dass ab 1913 bei der Berliner Maschinenbau-Actien-Gesellschaft (BMAG), der ehemaligen Schwartzkopff, überarbeitete Modelle produziert werden sollten. Wichtigste Unterschiede der neuen T 16[1] im Vergleich zur T 16 waren Verstärkungen des Fahrwerks und des Rahmens sowie mehr Raum für Kohle und Wasser. Das Gewicht dieser Loks hatte sich beträchtlich erhöht, doch diese Maßnahmen erlaubten eine Freigabe bis zu 60 Stundenkilometern, somit zehn mehr als bei der Vorgängermaschine. Die Reichsbahn baute diesen Typ noch bis 1924 und gab ihm die Baureihenbezeichnung 94^{5-17}.

Lokomotiven, Wagen und Bahnanlagen aus 175 Jahren

Zerstörungen im Ersten Weltkrieg

Wirballen ist ein kleiner Ort, der 1914 in Russland gegenüber der damals preußischen Stadt Eydtkuhnen lag. Dort war ein wichtiger Eisenbahngrenzübergang. Noch im Juni konnte der Reisende ein lebhaftes Treiben beobachten. Zöllner kontrollierten, Waren wurden umgeladen. Wie in Wirballen (Bild links), so wurden viele Bahnhöfe im Kampfgebiet Ziel strategischer oder blinder Zerstörungswut. Die Eisenbahn war für größere Entfernungen zum entscheidenden Verkehrsmittel geworden. Deshalb wurde sie auch das Ziel von Angriffen, um dem Gegner diesen Vorteil zu nehmen. Deutschland konnte dank seiner Eisenbahnen die Truppen flexibler an die Ost- oder die Westfront werfen, je nachdem, wo es gerade dringender war. Doch am Ende fragt man sich: Wozu das alles?

1914

Gigantisch: Der Leipziger Hauptbahnhof

Endlich, am 4. Dezember 1915, war das Mammutprojekt abgeschlossen. Leipzig hatte seinen Hauptbahnhof, der zum größten Europas geworden war. 26 Gleise endeten in dem Kopfbahnhof, weitere fünf wurden außerhalb der Halle errichtet. In Teilen war der neue Bahnhof allerdings schon ab 1912 genutzt worden. Daneben wurde der Verkehr im zu dieser Zeit noch stehenden Dresdner Bahnhof abgewickelt. Interessanterweise bezahlte Preußen für dieses Projekt genausoviel wie Sachsen. Das zeigt einmal mehr die herausragende Rolle, die Preußen als Schrittmacher des Fortschritts spielte. Im Zweiten Weltkrieg entstandene Schäden konnten relativ schnell beseitigt werden. Nach der Wiedervereinigung wurde der Leipziger Hauptbahnhof komplett saniert und erstrahlt wieder in altem Glanz wie einst der Neubau.

1915

Württembergs Sechskuppler der Gattung K

Die Königlich Württembergische Staatseisenbahn beauftragte ihren Hoflieferanten, die Maschinenfabrik Esslingen, mit dem Bau einer Lokomotive, die speziell auf die schwierigen Bedingungen am schweren Streckenabschnitt der Geislinger Steige zugeschnitten sein sollte. Heraus kam ab 1917 der einzige Sechskuppler, der je in Deutschland gebaut wurde. Zudem hatte die Vierzylinder-Heißdampflok eine vorne angebrachte Laufachse. Als Gattung K wurden die insgesamt 44 Loks in den Bestand aufgenommen. Die Reichsbahn als neuer Besitzer zeichnete die Loks als Baureihe 59 um und setzte sie auch auf der badischen Schwarzwaldbahn ein. Nach der Elektrifizierung der Geislinger Steige gelangten viele 59er nach Österreich, wo sie auf der Semmeringbahn verkehrten. Die Baureihe 59 wurde in Deutschland 1953 ausgemustert. In Österreich lief sie noch bis 1957.

1917

Gemeinschaftsprojekt G 12

Mit Fug und Recht kann man die Güterzuglok G 12 als Vorläuferin der berühmten Einheitsloks der Reichsbahn, wie der 01, 03, 44 oder 52, bezeichnen. Im Ersten Weltkrieg wurde es immer wichtiger, möglicht baugleiche Maschinen mit universal austauschbaren Ersatzteilen oder einheitlicher Bedienung zu haben. So kam es 1917 bei den Länderbahnen von Preußen, Baden, Württemberg und Sachsen zur Anschaffung der Güterzuglok G 12 (in Sachsen wurde sie als XIII H bezeichnet). Die Lok war ein klassischer Fünfkuppler mit vorderer Laufachse. Die G 12 war vor allem auf gebirgigen Strecken sehr erfolgreich. Das war mit ein Grund, dass sie in modernisierter Form im Erzgebirge noch bis 1976 Dienst tat. Die DB stellte ihre 58er – so die Baureihenbezeichnung der Reichsbahn – bereits 1953 ab.

1917

Goldene Jahre der deutschen Eisenbahn: Die Reichsbahn-Zeit

Für viele Eisenbahnfreunde ist die vergleichsweise kurze Phase, in der die Deutsche Reichsbahn Herrin der Schienenstränge war, der Glanzpunkt unserer Verkehrsgeschichte. In der Tat hat sie hervorragende technische Errungenschaften aufzuweisen. Der endgültige Siegeszug der Elektrolok, die Einführung der Schnelltriebwagen mit Dieselmotor, aber natürlich auch die legendären Einheits-Dampflokomotiven und Stromlinienloks zeigen die Spitzenleistungen. Doch bei vielem lag der Keim schon in der Zeit der Länderbahnen. Noch dazu war der überwältigende Teil des Fuhrparks vor 1920 entstanden. Doch des Kritikers Stimme will noch nicht verstummen: Eine Fahrt mit Prestige-Zügen wie dem „Rheingold", dem Henschel-Wegmann-Zug oder dem „Fliegenden Hamburger" musste man sich erst mal leisten können. Die große Mehrheit der Bevölkerung stand in der 4. Klasse oder leistete sich einen der „Beschleunigten Personenzüge" – der sich viel schneller anhört als er war.

Vielleicht ist gerade diese Widersprüchlichkeit das Interessante an der Reichsbahn. In ihrer Janusgestalt ist sie ein Spiegelbild der deutschen Gesellschaft zwischen den Kriegen.

Nach dem Ersten Weltkrieg mussten sich die alten Eliten damit abfinden, dass ihr geliebtes Kaiserreich untergegangen war. Die politischen Ereignisse sorgten für Unruhe. Gebietsabtretungen, Reparationen und Inflation trafen die Bahn ins Mark. Doch mit den Millionen aus den USA konnte es endlich wieder bergauf gehen. Die Reichsbahn begann zunächst, ihre Personen- und Güterwaggons zu modernisieren. Außerdem wurden die ersten Exemplare der Einheitslokomotiven präsentiert.

In den Krisenjahren nach dem Börsencrash von 1929 war die Zahl der Firmen, die Loks bauten, weiter gesunken. Auch die Reichsbahn hatte Probleme, doch vor dem schrecklichen Ende im Zweiten Weltkrieg demonstrierte sie 1935 anlässlich der Hundertjahrfeier der deutschen Eisenbahn einmal mehr technische Meisterwerke.

Neben der staatlichen Eisenbahn gab es immer noch eine Vielzahl privater Eisenbahnbetriebe. Sie waren von der Vereinigung nach der Weimarer Verfassung nicht betroffen. In der Gleislandschaft bildeten sie einen wichtigen Baustein. Die meisten von ihnen waren Schmalspurbahnen, die sich oft speziell auf ihre Bedürfnisse zugeschnittene Lokomotiven bauen ließen.

Die „Donnerbüchsen" werden gebaut

Ab 1921 wurden für den normalen Personenverkehr die „Donnerbüchsen" eingeführt, zweiachsige Holz- oder Ganzstahlwagen in 13,4 m Länge. Obwohl diese Durchgangswaggons als Einheitswagen bezeichnet wurden, gibt es sie in allerlei verschiedenen Bauarten. Die Holzwagen wurden nur aus Gründen der Materialknappheit und der Umstellungsschwierigkeiten gebaut. Die Reichsbahn beschaffte Wagen für die 2. bis 4. Klasse. Letztere wurden später umgebaut. 38 bis 66 Fahrgäste konnten in den Wagen sitzen, je nach Klasse. Über 8.000 „Donnerbüchsen" wurden bis 1931 gebaut. Diese Wagen fuhren in Deutschland vereinzelt bis in die siebziger Jahre.

1921

Versailler Vertrag: Lokomotiven als Sühne

Der Friedensvertrag, den Deutschland nach dem verlorenen Ersten Weltkrieg unterschreiben musste, war ein besonders harter Diktatfriede, der Europa nicht zur Ruhe brachte. Die Siegermächte hatten sich vorbehalten, die Höhe der Reparationen gesondert festzustellen. Dabei kam es zu utopischen Forderungen. Dem Reich wurde die Verpflichtung auferlegt, die Zahlungen auch in Warenlieferungen zu leisten. Viele Lokomotiven und Waggons wurden aus dem Altbestand herausgegeben. Doch bis in die dreißiger Jahre mussten auch neue Lokomotiven gebaut werden, die den Siegern frei Haus zu liefern waren. Für den Eisenbahnhistoriker ist das besonders interessant, denn es wurden auch Typen gebaut, die in der Reichsbahn nicht anzutreffen waren. Ein Beispiel ist diese riesige Malletlok aus dem Jahr 1932.

1919

Lokomotiven, Wagen und Bahnanlagen aus 175 Jahren

Reichsbahn bekommt die T 20

Mit der T 20, die 1922 für steile Hauptstrecken wie die Geislinger Steige, die Fränkische Alb oder die Steilstrecken in Thüringen erworben wurde, beschaffte die Reichsbahn bei Borsig eine der schwersten Güterzugtenderloks als Baureihe 95. 45 Exemplare dieses Fünfkupplers mit je einer Vor-und Nachlaufachse wurden bis 1924 gebaut. Die bullige Heißdampflok erreichte immerhin Geschwindigkeiten bis 65 km/h. Ihre Leistung betrug 1.190 kW. Einige Ähnlichkeit hat sie in verschiedenen Baugruppen mit der P 10, die beinahe zur gleichen Zeit gefertigt wurde. Zusammen waren sie die wichtigsten Neubau-Dampfloks der Reichsbahn vor der Einführung der Einheitsloks.
In Westdeutschland konnte man 1958 die letzte 95er im Spessart als Schiebelok laufen sehen. Die Reichsbahn Ost baute 24 ihrer 31 Loks 1966 auf Ölfeuerung um und behielt sie bis 1980 im schweren Güterzugdienst bei Probstzella, wo Schiefer abgebaut wurde. Museal sind mehrere Exemplare heute noch erhalten.

1922

Die ersten FD-Züge gehen auf Fahrt

1923

Seit ihrer Einführung 1891 waren die D-Züge inzwischen meist auch mit einer 3. Klasse ausgestattet worden. Die Reichsbahn führte ab 1923 für weiter entfernte Relationen eine höherwertige Zuggattung ein, die nur die ersten beiden Klassen anbot und besonders schnell unterwegs war. Diese Fernschnellzüge bekamen die Kurzbezeichnung FD-Zug als Steigerung zum D-Zug. Mit dem FFD-Zug kam ein noch schnellerer Zug später hinzu. Die in den dreißiger Jahren eingeführten Züge mit Schnelltriebwagen wurden ebenfalls als Fernschnellzüge eingestuft, erhielten aber das Kürzel FDt-Zug (Fernschnellzug mit Triebwagen bespannt). Der Ausbruch des Zweiten Weltkriegs beendete die Karriere der Fernschnellzüge.

Deutsche Reichsbahn-Gesellschaft entsteht

Die zwanziger Jahre zeichneten sich in der internationalen Politik durch immer neue Pläne aus, die Reparationsforderungen der Siegermächte zu präzisieren. 1924 wurde der Dawes-Plan verabschiedet, nach dem die Reichsbahn den Gläubigerstaaten verpfändet werden sollte. Deshalb wurde am 30. August 1924 das „Gesetz über die Deutsche Reichsbahn-Gesellschaft“ (Reichsbahngesetz) erlassen, mit dem die Reichsbahn privatwirtschaftlich organisiert wurde. Sie wurde mit einer Schuldverschreibung zugunsten der Gläubiger in Höhe von elf Milliarden Goldmark belastet. Jährlich musste die Reichsbahn etwa 660 Millionen Reichsmark abstottern, was natürlich die Innovationsmöglichkeiten der Eisenbahn lähmte. 1931 befreite das Lausanne-Abkommen die Reichsbahn von dieser Last. Durch die Ausgabe von Aktien der Deutschen Verkehrskreditbank AG wurden private Investoren für die Eisenbahn gewonnen.

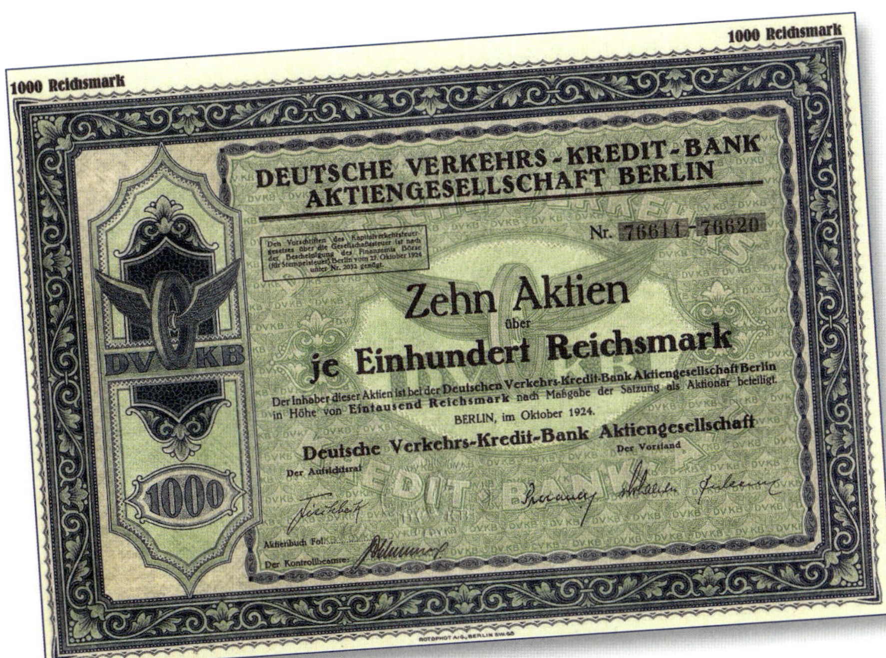
1000 Reichsmark

1000 Reichsmark

DEUTSCHE VERKEHRS-KREDIT-BANK
AKTIENGESELLSCHAFT BERLIN

Nr. 76611–76620

Zehn Aktien
über
je Einhundert Reichsmark

Der Inhaber dieser Aktien ist bei der Deutschen Verkehrs-Kredit-Bank Aktiengesellschaft Berlin in Höhe von Eintausend Reichsmark nach Maßgabe der Satzung als Aktionär beteiligt.

BERLIN, im Oktober 1924.

Deutsche Verkehrs-Kredit-Bank Aktiengesellschaft

Der Vorstand

Der Aufsichtsrat

Der Kontrollbeamte

1000

1924

Lokomotiven, Wagen und Bahnanlagen aus 175 Jahren

Jungfernfahrt der ersten Einheitslok

Mit den im Krieg produzierten Loks hatte man gesehen, dass es billiger kommt, wenn das Rollmaterial möglichst einheitlich aufgebaut ist. Aus diesem Grund hatte die Reichsbahn sich schon sehr früh die Entwicklung neuer Loktypen nach einem durchdachten Prinzip zum Ziel gesetzt. Ein eigenes Planungsbüro sollte zusammen mit den Herstellern die Möglichkeiten und Wünsche in ein Anforderungsprofil umsetzen. Zwei Schnellzugloks verschiedener Bauart sollten beschafft werden. Die 01 hatte ein Zwillingstriebwerk, die 02 wurde mit dem jahrelang üblichen Verbundtriebwerk gebaut. Da Henschel mit seiner 02 001 schneller fertig war, hatte sie die Ehre, das Zeitalter der Einheits-Dampfloks einzuläuten. Die 02er waren aber schlecht konstruiert. Deshalb wurden sie später zu 01ern umgebaut.

1925

Neue Namen für alte Lokomotiven

Zur einfacheren Verwaltung der aus mehreren Eisenbahnen zusammengekommenen Lokomotiven wurde von der Reichsbahn 1925 ein Umzeichnungsplan verabschiedet, der die Lokomotiven in Baureihengruppen einteilte.
Die Dampflok-Baureihenbezeichnungen waren seit 1926 für Schnellzugloks: 01–19, für Personenzugloks: 20–39, für Güterzugloks: 40–59, für Personenzugtenderloks: 60–79, für Güterzugtenderloks: 80 – 96, für Zahnradloks: 97, für Lokalbahnloks: 98 und für Schmalspurloks: 99. Die Elektroloks bekamen ähnliche Kategorien, vor die Baureihenziffer wurde aber ein zusätzliches „E“ gestellt. Bei Dieselloks stand vorn ein „V“, das den Verbrennungsmotor bezeichnete. Dieses Prinzip wurde in beiden deutschen Staaten noch beibehalten, bis 1968/70 ein neues System entwickelt werden musste, das beim damaligen Stand der Datenverarbeitung für Computer lesbar war. Dadurch mussten die Zahlen gleich lang sein und es mussten Buchstaben getilgt werden.

1925

Die 01 – Deutschlands legendäre Dampflok

Einer der Stars der Einheitsloks war von Beginn an dabei. Die Baureihe 01 war eine Schnellzuglok, die mit Tempo 120 Höchstgeschwindigkeit auf den Hauptstrecken vor allem Norddeutschlands Dienst tat. Dabei war sie auch sehr leistungsfähig in hügeligem Gelände. Die zwischen 1926 und 1938 gebaute Dampflok bekam Zuwachs durch die Baureihe 02, denn diese Maschinen wurden den 01ern angepasst. Im Laufe der Bauzeit wurden einige Verbesserungen vorgenommen, die eine Geschwindigkeitserhöhung mit sich brachten. Die letzte 01 wurde in der DDR erst 1982 außer Dienst gestellt. Dort kam es auch ab 1962 zum Umbau einiger Maschinen, die als Rekoloks eine neue Baureihe 01^5 bildeten.

1926

Die Einheitsloks der Baureihe 44

Im Bauplan der Einheitsloks war die Baureihe 44 als leistungsfähige Güterzuglokomotive vorgesehen, die auf Hauptstrecken schwere Transporte erledigen sollte. Sie hatte ein Dreizylinder-Triebwerk bekommen. Keiner konnte ahnen: Diese Lok würde sich so gut bewähren, dass sie die Ehre haben sollte, dass eine der ihren den letzten Plandienst einer Dampflok in der Bundesbahn erfüllte. Die Fünfkuppler mit Vorlaufachse konnten bis zu 80 Stundenkilometer fahren und hatten wie die 01er 20 Tonnen Achsfahrmasse. Um die 2.000 Stück wurden bis 1945 gebaut, ab 1942 jedoch mit kriegsbedingten Vereinfachungen. Nach dem Krieg bauten DB und DR mehrere Exemplare auf Ölfeuerung um, die DR auch einige auf Kohlenstaubfeuerung. In der DDR führte die 44 auch Personenzüge.

1926

Alle Züge werden jetzt elektrisch beleuchtet

Die „goldenen zwanziger Jahre" fanden bei der Reichsbahn nicht nur in den neuen Dampfloks ihren Widerhall. Ohnehin sahen die meisten Fahrgäste nicht, um was für eine Maschine es sich handelte, die man lediglich beim Zustieg vielleicht kurz sah. Für den Fahrgast waren Neuheiten, die seiner Bequemlichkeit dienten, wichtig. Niemand nahm den Zug von Berlin nach Magdeburg, weil ihn eine neue 01 zog. Man wünschte sich bequeme Sitze, eine ruhige Fahrt, genügend Platz und für die entspannende Lektüre abends ausreichendes Licht. Ab 1926 wurden die Personenwagen der Reichsbahn elektrisch beleuchtet.

1926

Lokomotiven, Wagen und Bahnanlagen aus 175 Jahren

1927

Einheits-Güterzugloks der Baureihe 43

Neben der Güterzuglok der Baureihe 44 sollte es eine baugleiche geben, die allerdings statt des Dreizylinder-Triebwerks ein Zwillingstriebwerk ähnlich der 01 bekommen sollte. In zwei Jahren wurden aber nur 35 Stück gebaut. Die abgebildete erste Lok dieser Baureihe steht heute im Verkehrsmuseum Dresden. Die Baureihe 43 arbeitete wirtschaftlicher, war der 44 aber im hohen Leistungsbereich unterlegen. Wahrscheinlich war dies der Grund, warum die 43er nicht mehr weitergebaut wurden, von den 44ern aber nach 1937 noch Hunderte gebaut wurden. Nach dem Zweiten Weltkrieg waren alle erhaltenen Exemplare der 43 im Zugriffsgebiet der Sowjets verblieben. Die Reichsbahn der DDR setzte sie noch bis etwa 1968 im Güterverkehr ein.

Die Kunze-Knorr-Bremse auch für Güterzüge

1927 konnte die Reichsbahn vermelden, dass sie nun alle ihre Güterwagen mit der Kunze-Knorr-Bremse (KK-Bremse) ausgerüstet hat, einer automatischen durchgehenden Druckluftbremse. Sie war die erste durchgehende Druckluftbremse in Europa, mit der selbst in langen Güterzügen die Bremskraft nicht nur stufenweise verstärkt, sondern auch stufenweise wieder gelöst werden konnte. Dank ihr konnte der aufwendige Handbetrieb beim Bremsen eingestellt werden. Die Reichsbahn bezifferte die Kosten dieser Umbauten auf 478.400.000 Reichsmark. Dem standen fast 96.300.000 Reichsmark jährlich gegenüber, die durch die Beschleunigung des Güterverkehrs und die Einsparung des Bremserpersonals eingespart werden konnten, ganz zu Schweigen von der höheren Betriebssicherheit dieser Einrichtung.

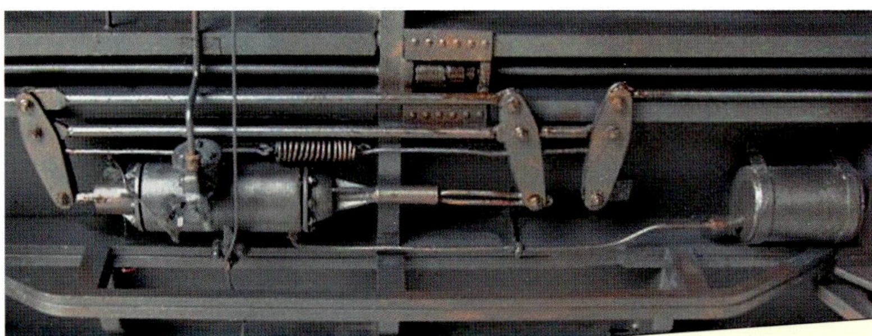

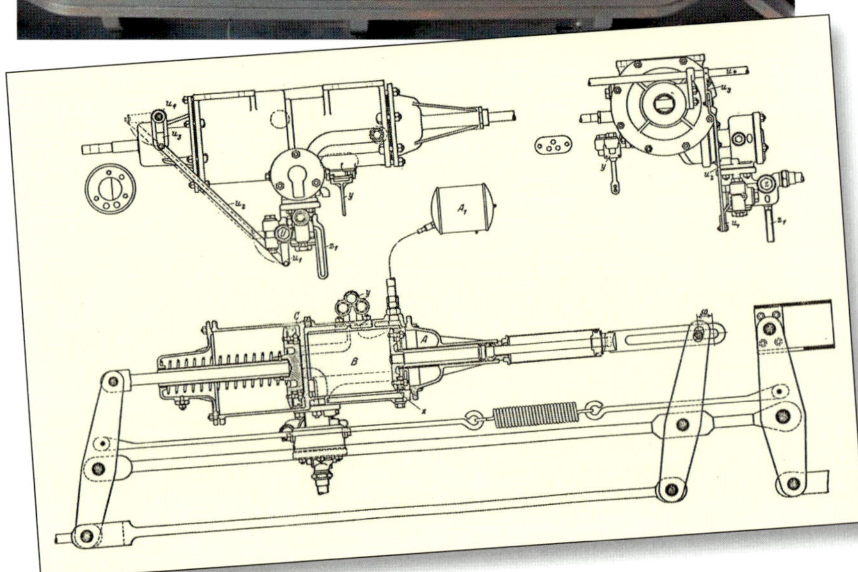

1927

Die Lok 012 077 brachte viele Tausend Urlauber über den Hindenburg-Damm nach Sylt.

Sylt mit dem Festland verbunden

Am 1. Juni 1927 konnte die Reichsbahn stolz eine weitere Neuigkeit verkünden. In vier Jahren Bauarbeit war es gelungen, die Nordseeinsel Sylt durch einen elf Kilometer langen Eisenbahndamm mit dem Festland zu verbinden. Der Reichspräsident Paul von Hindenburg höchstpersönlich war erschienen, den Damm einzuweihen, und das gab den Syltern offenbar die Veranlassung, das Bauwerk nach ihrem beliebten Feldherrn und Präsidenten zu benennen. Jetzt konnten Züge der Marschbahn von Hamburg aus über Elmshorn, Husum und Niebüll direkt nach Westerland auf Sylt fahren und dort die Urlauber absetzen. Die Deutsche Bahn bietet auch eine Autoverladung an für diejenigen, die ihren vierrädrigen Freund gerne im Urlaub dabei haben wollen.

1927

Stückgutschnellverkehr der Reichsbahn

Geschwindigkeit wurde bei der zunehmenden Konkurrenz des Lkw-Verkehrs im Transport von Stückgütern immer wichtiger. Bislang hatten schwere Güterzugloks die Aufgabe, bis zu 30 Wagen zu ziehen. Allein die Be- und Entladung dauerte viel zu lange. Deshalb kam man auf die Idee, kürzere Einheiten mit Schiebetürgüterwagen zu bilden, die am Haken von leichteren, zum Teil älteren Loks der Länderbahnzeit schneller zu bearbeiten waren. Das erfolgreiche Konzept bekam einen Namen: Leig, was nichts anderes bedeutete als „leichter Güterwagen". Ab 1929 durften die leichten Güterzüge unter gewissen Voraussetzungen sogar bis zu 100 Stundenkilometer schnell fahren. Weil das System so erfolgreich war, mussten neue Wagen, sogenannte Leig-Einheiten, entwickelt werden, die als Typ „Dresden" bekannt wurden. Der Leig durfte höchstens zehn Achsen haben, seine Höchstgeschwindigkeit lag bei 65 km/h. Zur Schnelligkeit der mit „Stückgut-Schnellverkehr" beschrifteten Züge trug auch bei, dass die Ladung während der Fahrt umgearbeitet werden konnte. Leigs fuhren auch noch bei der Bundesbahn, vereinzelt bis in die siebziger Jahre.

1927

Lokomotiven, Wagen und Bahnanlagen aus 175 Jahren

Gigant unter Strom: Die E 95

Mit fast 21 Metern war die E 95 die längste je von der Reichsbahn beschaffte Elektrolok. Aber sie war auch die teuerste. Ursprünglich sollten die sechs AEG-Maschinen Kohle aus Schlesien transportieren, doch war eine Elektrifizierung der Strecke aus Kostengründen unterblieben. So kamen sie stattdessen zur schlesischen Gebirgsbahn und später in den Raum Halle. Die auf zwei Drehgestellen ruhenden angetriebenen Achsen hatten einen Tatzlagerantrieb. Nach dem Krieg konfiszierte die Sowjetunion die sechs Maschinen, die aber in den Fünfzigern von der DDR zurückgekauft wurden. 1970 wurde das letzte Exemplar ausgemustert.

1927

„Bubikopf": Einheitstenderlok der Baureihe 64

Zwischen 1928 und 1940 ließ die Reichsbahn bei mehreren Herstellern diese Tenderlok bauen. Sie war eine der gelungensten Einheitsloks mit hervorragenden Laufeigenschaften und sehr wirtschaftlicher Performance. Sie wurde ein Allrounder auf durchaus steigungsreichen Nebenstrecken. Auch Nahverkehrszüge, ja sogar Eilzüge hatte die gern „Bubikopf" genannte 64 am Haken. Bei kürzeren Strecken war entscheidend, dass die Tenderlok in beide Richtungen gleich gut fahren konnte. Das ersparte zeitraubendes Rangieren. Nach über einem Jahr waren schon mehr als 200 Exemplare ins ganze Reichsgebiet ausgeliefert, insgesamt wurden es 520. Nach dem Krieg setzten die beiden Betriebe in Ost und West die 64 noch bis 1974 ein.

1928

1928

Baureihe 86, die Tenderlok für kürzere Strecken

Neben der Baureihe 64 wurden mit der 24 und 86 zwei weitere Einheitsloks für den Nahverkehr beschafft. Die 86 war ein Vierkuppler mit je einer Vor- und Nachlaufachse. Nach der ersten Bauphase wurde die Lok zwischen 1931 und 1943 noch weiterproduziert. Genau 774 Stück kamen schließlich zusammen. Der relativ geringe Raum für Kohlevorrat verdammte die 86 zu Kurzstrecken, die aber sehr gerne anspruchsvollere Steigungen enthalten durften. Neben Güterzügen zog die 86 auch Nebenbahnzüge. Ihr Einsatzgebiet lag neben dem Erzgebirge auch in den deutschen Mittelgebirgen und dem Allgäu. Die gezeigte Lok ist noch bei der Wutachtalbahn im Einsatz. Bei der DB war 1974 Schluss, die Reichsbahn der DDR ließ sich sogar Zeit bis 1988.

Die Lok 86 333 ist noch heute im Einsatz bei der Wutachtalbahn im Südschwarzwald. Die Bahn wird wegen der spiralförmig verlaufenden Streckenführung auch „Sauschwänzle-Bahn“ genannt. Auf der nachfolgenden Doppelseite ist sie noch einmal zu sehen.

„Rheingold" – Zug der Träume

Der beste Zug, den die Reichsbahn zu bieten hatte, trat 1928 seine Jungfernfahrt an. Der „Rheingold“ ist noch heute legendär. Extra für ihn wurden besondere Waggons gebaut, die mit 23,5 Metern noch einmal länger waren als die normalen Schnellzugwagen. Sie hatten eine luxuriöse Ausstattung mit exquisiten Polstersitzen und einer Bordküche, damit der Gast am Sitzplatz bedient werden konnte. Zwei Wagen teilten sich eine Küche,weshalb der „Rheingold“ immer mit gerader Anzahl an Reisezugwagen unterwegs war. Dazu kam der Gepäckwagen hinter der Schnellzuglok, die meist eine 18 war. Die Sonderlackierung war beige-blau mit goldenen Verzierungen. Der „Rheingold“ verband entlang des Rheins Basel mit Hoek van Holland.

1928

WTB
86 333
2

Lokomotiven, Wagen und Bahnanlagen aus 175 Jahren

Mit dem Zug auf die Zugspitze

Mit 1.500 Volt auf die Zugspitze? Am 8. Juli 1930 wurde dieser Traum Wirklichkeit. Dank der besseren Zeiten hatte die Bayerische Zugspitzbahn Aktiengesellschaft 1928 mit den Bauarbeiten zu diesem ehrgeizigen Projekt beginnen können. 18,7 Kilometer war die Strecke von Garmisch zum Schneefernerhaus lang, davon mussten 4,8 Kilometer durch einen Tunnel gebaut werden. Insgesamt hatte die Zugspitzbahn einen Höhenunterschied von 1.883 Metern zu bewältigen. 1988 wurde die Bahn bis zum neuen Bahnhof Zugspitzplatt verlängert. Ein Jahr zuvor war die dritte Fahrzeug-Generation beschafft worden. Die erste (siehe Abbildung) fährt aber noch heute bei Sonderfahrten.

1930

Für den Schnellverkehr: Die Baureihe 03

Immer noch gab es in Deutschland zu viele Strecken, die noch nicht für eine Achslast von 20 Tonnen, wie sie die 01 verlangte, ertüchtigt waren. Aus diesem Grund wurde beschlossen, der Paradelok eine kleinere Schwester zuzugesellen, die als Baureihe 03 in den Bestand aufgenommen wurde. Sie hatte wie die 01 ein Zwillingstriebwerk und eine Pacific-Achsfolge, also die Achsformel 2C1, wie sie bereits die S 3/6 aufwies. Um die 300 Exemplare wurden bis 1938 hergestellt. Wie zu dieser Zeit üblich, hatte die 03 große Wagner-Windleitbleche. Die hier abgebildeten kleineren der Bauart Witte wurden später angebracht. Die 03 war für die DB bis 1972 im Einsatz, in der DDR fuhr sie sogar bis 1981. Gerade für die maroden Strecken der Nachkriegszeit war sie bestens geeignet.

1930

Weltrekordfahrt des Schienenzeppelins

Einige Bauprinzipien des Zeppelin-Luftschiffs nutzte Ende der zwanziger Jahre der Ingenieur Franz Kruckenberg, um ein in jeder Hinsicht einzigartiges Fahrzeug zu konstruieren. Ziel war es, einen Hochgeschwindigkeitstriebwagen zu bauen. Aus diesem Grund war ein aerodynamisches Design geschaffen worden. Das Gerüst bestand ähnlich wie beim Zeppelin aus Aluminiumspanten, die von einem behandelten Segeltuchstoff umhüllt waren. Das Gewicht des Fahrzeugs konnte auf diese Weise bei 20 Tonnen gehalten werden. Als Antrieb fungierte ein 600 PS starker Zwölfzylinder-Flugmotor von BMW, der eine Druckluftschraube bewegte. 1931 schaffte der Schienenzeppelin die Strecke Hamburg–Berlin in 98 Minuten. Dabei stellte er einen neuen Geschwindigkeitsweltrekord für Schienenfahrzeuge auf: 230,3 km/h.

1931

Lokomotiven, Wagen und Bahnanlagen aus 175 Jahren

Durchbruch für Elektroloks geschafft: E 44

Nicht nur bei der Dampflok sollte eine strenge Normierung zu Einheitsloks führen, auch bei der Elektrolok wurde dieses Prinzip umgesetzt. Als leichtere Mehrzwecklok entstand ab 1932 in diesem Zusammenhang die E 44, die nicht nur den endgültigen Durchbruch der E-Loktechnik schaffte, sondern auch mit ihrer Achsfolge Bo'Bo' (vier Achsen auf zwei Drehgestellen) Maßstäbe setzte. Sie bediente die Hauptstrecke München–Stuttgart und viele andere wichtige Destinationen in Süddeutschland und dem Raum Halle. Bei der Bundesbahn endete die Einsatzzeit 1984, auf dem Gebiet der DDR konnte man erst ab 1991 auf ihre Leistungen verzichten. Von den insgesamt 181 Exemplaren wurden sieben noch nach dem Krieg gebaut.

1932

Elektroloks für Mitteldeutschland: E 04

Für Schnellzüge unter Fahrdraht hatte die Reichsbahn die leistungsfähige E 17 beschafft. Doch für die Flachstrecken war sie eigentlich unterfordert. Deshalb wurde die E 04 besorgt, die statt vier drei Treibachsen bekam und deutlich billiger war. Die insgesamt 23 Maschinen stammten von der AEG. Sie durften bis zu 130 Stundenkilometer schnell fahren, bei Tests wurden aber 151,5 km/h gemessen, die ohne Problem erreicht wurden. Das letzte, 1935 gelieferte Exemplar war die erste deutsche Elektrolok mit Wendezugsteuerung. Die E 04 wurde im Raum Leipzig/Halle und in Westbayern stationiert. Die letzte Dienstfahrt einer E 04 fand 1982 in Osnabrück statt. Das erste Baumuster dieser Serie, die rechts abgebildete E 04 01, wurde in Leipzig betriebsbereit erhalten.

1932

Speziell für die Höllentalbahn: Baureihe 85

1932

Die Höllentalbahn im Schwarzwald war eine der anspruchsvollsten Strecken des Reiches. Bei Steigungen bis 55 Promille musste Zahnradbetrieb für ein Fortkommen sorgen.Da der Erhaltungsaufwand recht groß war, entschloss sich die Reichsbahn, mit der Baureihe 85 zehn Tenderloks zu beschaffen, die die Steigungen auch im Adhäsionsbetrieb absolvieren konnten. Ab 1936 teilte sie ihre Aufgaben mit Elektroloks, doch erst mit Umstellung der Spannung auf DB-Norm im Jahr 1960 wurde auf ihre Dienste verzichtet. Die fünffach gekuppelten Loks wurden bei Henschel gebaut. Viele Bauteile wurden komplett aus der Produktion anderer Einheitsloks übernommen. So stammten das Dreizylindertriebwerk und das Laufwerk von der Baureihe 44. Lediglich eine Maschine hat ihre Rentenzeit überlebt. Sie steht heute in Freiburg.

„Fliegender Hamburger" schnell mit Diesel

Zwischen Hamburg und Berlin wurde am 15. Mai 1933 das Zeitalter der Schnelltriebwagen eingeläutet, als der VT 877 a/b mit bis zu 160 Stundenkilometern durch die Norddeutsche Tiefebene sauste. Die zweiteiligen Triebwagen wurden dieselelektrisch angetrieben. Zwischen 1935 und 1938 folgten Schnelltriebwagen der Bauarten „Hamburg", „Leipzig", „Köln" und „Berlin". Alle waren zwei- oder dreiteilig. Die Bauart „Leipzig" hatte einen dieselhydraulischen Antrieb bekommen. Mit den Schnelltriebzügen warb die Reichsbahn sehr gerne, denn sie verkörperten mit ihrem aerodynamischen Design und der modernen Traktion ein Bild des Fortschritts. Im Krieg wurden die Motorwagen alle zerstört. Nur zu musealen Zwecken konnten Einzelexemplare wieder aufgearbeitet werden.

1933

Lokomotiven, Wagen und Bahnanlagen aus 175 Jahren

Culemeyer bringt Eisenbahn auf die Straße

1933

Der „Culemeyer" ist fast schon eine Legende, symbolisiert er doch nichts anderes als die Eroberung der Straße durch die Eisenbahn. Das Prinzip war folgendes: Der Güterwagen oder die Lok wurden auf die Plattform des Wagens gefahren und dann mit einer Zugmaschine, meist einem Kaelble-Lkw, zu ihrem Bestimmungsort gezogen. Dort wurde die Ladung gelöscht. Dieser Anhänger existierte in verschiedenen Ausführungen. Die älteste, vom Reichsbahnoberrat im Reichsbahn-Zentralamt für Maschinenbau in Berlin Johannes Culemeyer ab 1931 entwickelte Form hatte noch vier Achsen mit acht Außen- und acht Innenrädern, später wurden es bis zu zwölf Achsen.

Hundert Jahre deutsche Eisenbahn gefeiert

1935

Hundert Jahre Eisenbahn in Deutschland – das musste gefeiert werden. In Nürnberg fand von 14. Juli bis 13. Oktober 1935 eine Jubiläumsausstellung statt, die von den Nazis dazu genutzt wurde, der Welt die eisenbahntechnischen Neuheiten zu zeigen und so Stärke zu demonstrieren. Beeindruckend war auf jeden Fall, was es dort zu sehen gab. Auf den nächsten Seiten werden die wichtigsten Exponate vorgestellt, denn sie haben die Entwicklung der Eisenbahn maßgeblich geprägt. Doch ein Ausstellungsstück fesselte die Besucher besonders: Der „Adler" war wieder auferstanden. Ein möglichst originalgetreuer Nachbau samt Anhängern wurde einsatzbereit hergestellt und für mehrere Präsentationsfahrten angeheizt.

V 140 001, die erste deutsche Großdiesellok

1935

Zum Eisenbahnjubiläum wollte man auch eine repräsentative Diesellok vorstellen. Unter der Federführung von Krauss-Maffei entstand die erste Streckenlok mit hydraulischer Kraftübertragung. Der Motor stammte von MAN. Bei einer Leistung von 1.030 Kilowatt brachte er die Lok auf bis zu 100 Stundenkilometer. Die Erprobungsphase war nach der Ausstellung. Dabei waren einige Macken zu beheben, doch dann wurde sie von der Reichsbahn übernommen und zunächst als V 16 101, dann als V 140 001 bezeichnet. Im Krieg wurde die Lok abgestellt, weil der Dieselkraftstoff den Militärfahrzeugen vorbehalten blieb. Danach fuhr sie bis 1953 in Diensten der DB. Sie ist heute im Deutschen Museum München ausgestellt.

Die neue Generation der Elektroloks I: E 18

Bis zu 150 km/h war das neue Flaggschiff der Elektroloks schnell. Die E 18 mit geschweißtem Rahmen und aerodynamischer Verkleidung sollte die anspruchsvolleren elektrifizierten Strecken bedienen. Da inzwischen auch die Strecke zwischen Augsburg und Nürnberg unter Fahrdraht lag, war der Bedarf an guten Elektroloks gestiegen. Die E 18 kam überwiegend im gut ausgebauten süddeutschen Netz zum Einsatz, doch auch im Raum Halle und in Schlesien wollte man auf ihre Dienste nicht verzichten. Von dieser viermotorigen Maschine wurden 55 Stück gebaut, zwei davon in der Nachkriegszeit. Die ursprünglich graublauen, später dunkelblauen Loks wurden bei der Bundesbahn bis 1984 eingesetzt. 1937 wurde sie auf der Weltausstellung als stärkste Einrahmenlok der Welt ausgezeichnet.

1935

Die letzte Elektrolok mit Stangenantrieb

In Bayern war der Rangierdienst in den dreißiger Jahren an einigen Bahnhöfen bereits elektrisch möglich. 1927 hatte die Reichsbahn dafür Kleinloks der Baureihe 60 beschafft. 1934 wurden weitere acht leistungsmäßig verbesserte Maschinen geordert und der Baureihe 63 zugeordnet. Letztmals wurde eine Elektrolok in Auftrag gegeben, die mit einem Stangenantrieb arbeitete. Sie war ein Dreikuppler ohne hintere Laufachse, wie sie noch die E 60 aufwies. Die wurde überflüssig, weil der Aufbau der Lok um einiges leichter war als der der Vorgängerin. In München, Augsburg, Garmisch und Stuttgart kam die E 63 zum Einsatz. Die letzte Lok wurde 1978 abgestellt. Mit dem Erfolg der Dieselrangierloks wurde auf eine Vergrößerung des Bestands verzichtet.

1935

Die neue Generation der Elektroloks II: E 19

1938

Die hervorragenden Eigenschaften der E 18 bewogen die Reichsbahn zwei Jahre später zur Anschaffung einer stärkeren Variante, die den Namen E 19 bekam. Bis 1965 die E 03 an den Start ging, war sie die schnellste deutsche Lokomotive: Für 180 Stundenkilometer war sie zugelassen, doch 225 wären möglich gewesen. Vier Exemplare dieser Spitzenlok wurden gekauft, davon zwei von AEG und zwei von Siemens-Schuckert und Henschel. Da die letzteren extra gezählt wurden, gibt es irritierende E 19 11 und E 19 12. Bis 1978 wurden die rot lackierten, in Nürnberg beheimateten Maschinen von der Bundesbahn eingesetzt. Zwei sind in Berlin und Nürnberg ausgestellt.

Lokomotiven, Wagen und Bahnanlagen aus 175 Jahren

1935

Der ET 11 für den Schnellverkehr

Weil der komplette Ausbau der Strecke München–Berlin ausgemachte Sache war, wurde für geeignetes Rollmaterial im Schnellverkehr gesorgt. Im ähnlichen Design wie die Schnelltriebwagen mit Dieselantrieb („Fliegender Hamburger" etc.) sollte ein Elektrotriebzug gebaut werden. 1935 wurde der ET 11 vorgestellt, doch an die Elektrifizierung der geplanten Strecke war nicht mehr zu denken. Stattdessen wurden die Destinationen München–Stuttgart und München–Berchtesgaden im Schnellverkehr bedient. Die 160 Stundenkilometer schnellen Triebzüge waren in den fünfziger Jahren als „Münchner Kindl" im Einsatz. 1961 wurden sie abgestellt, lediglich der älteste ET 11 wurde bis 1970 von München aus als Messwagen eingesetzt.

Elektrotriebzüge der Baureihe ET 25

In modernisierter Form ist eines von 39 Exemplaren der Baureihe ET 25 hier zu sehen. Ursprünglich war die Fensterfront vierteilig und stärker gewölbt. Zwischen 1935 und 1938 wurden diese zweiteiligen Fahrzeuge beschafft, um im Eilzug- und Schnellverkehr eingesetzt zu werden. Der ET 25 war die erste Einheits-Triebwagenbaureihe der Reichsbahn. Er kam auf praktisch allen elektrifizierten Strecken zum Einsatz und war bei den Passagieren gut angekommen. Zusätzlich waren 48 Steuerwagen produziert worden, die einfach oder zu zweit an den Triebwagen angekuppelt werden konnten. Nach dem Krieg wurden die 17 verbliebenen ET 25 von der Bundesbahn noch bis 1985 eingesetzt.

1935

Der „Gläserne Zug" für Panoramafahrten

Nur in zwei Exemplaren wurde 1935 der legendäre „Gläserne Zug" ET 91 gebaut. Die nationalsozialistische Freizeitorganisation „Kraft durch Freude" wollte mit diesen Fahrzeugen Aussichtswagen haben, mit denen von München aus Panoramafahrten in die Alpen angeboten werden sollten. Die programmatische „Freude" sollte auch mit Tanzvergnügen in den Zügen gesichert werden. Er war auch bei der Bundesbahn noch ein sehr beliebtes Schienenfahrzeug, das Ausflüge in die bayerischen Alpen zu einem echten Vergnügen machte. Ab 1968 bildete der ET 91 01, der als einziger den Krieg überstanden hatte, die Einfahrzeug-Baureihe 491. Er wurde 1995 nach einem schweren Unfall in Garmisch zur Hälfte zerstört. Das Wrack befindet sich heute im Bahnpark Augsburg.

1935

Lokomotiven, Wagen und Bahnanlagen aus 175 Jahren

Stromlinie: Der Henschel-Wegmann-Zug

Schon vor dem ICE gab es Züge, die eine feste Einheit bildeten und in ihrer Zusammenstellung kaum Variationen kannten. Dazu gehörte der Henschel-Wegmann-Zug, der von Juni 1936 bis Kriegsausbruch zwischen Dresden und Berlin verkehrte. Er bestand aus der 1935 vorgestellten Stromlinienlok der Baureihe 61 und Schnellzugwaggons, die wie die Lok dreifarbig silbergrau/beige/lila lackiert waren. Die beiden Tenderlokomotiven stammten von Henschel. Sie waren komplett mit einer Blechverkleidung versehen, so dass man nicht sehen konnte, dass die eine sieben, die andere sogar acht Achsen besaß. Bis zu 160 km/h erreichten diese Loks. Die offizielle Sollgeschwindigkeit war mit 170 km/h angegeben. Die Wagengarnituren stammten von Wegmann, weshalb der Zug zu seinem Namen kam.

1935

„Schürzenwagen" für den Schnellverkehr

1935 wurden die „Schürzenwagen" eingeführt. Diese schnittigen Wagen erlaubten Zuggeschwindigkeiten von bis zu 150 km/h. Erkennbar waren sie durch die weit über die Puffer gezogene und zwischen den Drehgestellen heruntergezogene Außenhaut sowie die bündig abschließenden Türen und Fenster. Auch Schlaf-, Speise-, Gepäck- und Postwagen wurden gebaut. Mehrere Hundert dieser Wagen konnten ausgeliefert werden. Die ersten Exemplare stammten von Wegmann, doch mehrere andere Hersteller beteiligten sich später am Bau. Einer der Höhepunkte war ein Kanzelwagen mit Aussichtsfenstern am Heck. Er wurde im Henschel-Wegmann-Zug und später im „Blauen Enzian" verwendet.

1935

Die Höllentalbahn wird elektrifiziert

Zu Versuchszwecken elektrifizierte die Reichsbahn die Höllentalbahn im Schwarzwald mit 20 kV und 50 Hertz. Am 18. Juni 1936 passierte die erste Elektrolok die Strecke in Südbaden. Als Testfahrzeuge standen vier aus der Baureihe E 44 umgebaute Lokomotiven mit unterschiedlichen elektrischen Ausrüstungen im Dienst. Die E 244, so die Baureihenbezeichnung dieser Loks, hatten eine Höchstgeschwindigkeit von 85 km/h im flachen Streckenteil und 60 km/h auf der Steilstrecke. Nach dem Krieg wurde der Betrieb von den französischen Besatzern aufrechterhalten, denn sie wollten diese Spannung für ihr eigenes neues Wechselstromnetz verwenden. 1960 wurde die Höllentalbahn auf die allgemein im Bundesbahnnetz verwendeten 15 kV 16⅔ Hertz umgeschaltet.

1936

Lokomotiven, Wagen und Bahnanlagen aus 175 Jahren

Die rote Stromlinienlok der Baureihe 05

Seit Beginn der dreißiger Jahre war der Begriff der Stromlinie aus der Fahrzeugtechnik nicht mehr wegzudenken. Auch bei den Eisenbahnen wurde nun experimentiert. Die 1935 vorgestellte dunkelrot lackierte 05 001 und ihr Schwestermodell 05 002, die von der Firma Borsig gebaut wurden, eröffneten in Deutschland die Ära der Stromliniendampfloks. Eine Blechverkleidung verhüllte die komplette Lok, die als Dreikuppler mit je zwei Laufachsen vorn und hinten ausgebildet war. Die Dreizylinderloks bekamen 1937 eine Partnerin, die 05 003. Diese unterschied sich aber konstruktiv sehr stark von den beiden anderen. Nach dem Krieg wurden die Verkleidungen entfernt (siehe gegenüberliegende Seite). Die 05 fuhren noch bis 1958 im Streckendienst. Lok 05 001 wanderte ins Nürnberger Verkehrsmuseum, wo man sie bis heute bewundern kann.

1935

05 003, die „umgedrehte" Lok

Die Baureihe 05 hatte bereits durch einen Geschwindigkeitsrekord von sich reden gemacht. Für Aufsehen sorgte auch das dritte Exemplar der Reihe, die 05 003. Sie zeichnete sich durch einen stirnseitigen Führerstand aus, was eine verbesserte Streckensicht ermöglichen sollte. Um den Lokführer und den Heizer nicht voneinander trennen zu müssen, wurde die Lok sozusagen „umgedreht", das heißt, der Fahrerstand und die Feuerbüchse befanden sich in Fahrtrichtung vor der Rauchkammer und dem Tender. Da das Feuern mit Stückkohle durch den getrennten Tender nicht möglich war, entschied man sich für eine Steinkohlenstaubfeuerung über eine 14 Meter lange Leitung. Das Ergebnis war jedoch nicht zufriedenstellend, weswegen die Lok 1939 an den Hersteller zurückgegeben und 1944 in die herkömmliche Bauform wieder „zurückgedreht" wurde.

1937

Geschwindigkeits-Weltrekord der 05 002

Erstmals in der Geschichte der Dampflokomotiven gelang es am 11. Mai 1936 der Stromlinienlok 05 002, die magische Marke von 200 Stundenkilometern zu knacken. Den Elektrotriebwagen von AEG und Siemens war das allerdings schon 1903 gelungen. Eigentlich war die Baureihe 05 nur für 175 km/h zugelassen, doch angesichts der anstehenden Olympiade in Berlin ab August wollte man die Weltöffentlichkeit beeindrucken. Der Wert von 200,4 Stundenkilometern wurde bereits 1938 von der englischen A 4 überboten. Ihr Rekord gilt noch heute. Allerdings war die Strecke leicht abschüssig, die der 05 002 nicht. Von der amerikanischen Class S aus dem Jahr 1945 wird gesagt, sie sei 208 km/h und mehr gefahren, allerdings fehlt dafür ein Beleg.

1936

Güterzugloks der Baureihe 45 gebaut

1937 wurden die ersten beiden Exemplare der zugkräftigsten deutschen Dampflok aller Zeiten ausgeliefert. 26 folgten bis 1940. Dieser Fünfkuppler mit Dreizylinder-Triebwerk leistete etwa 2.800 PS. Nach dem Krieg verblieb eine Lok in der Ostzone, alle anderen wurden in die Bundesbahn überführt. Bis auf fünf, die einen neuen Kessel erhielten (darunter die abgebildete 45 010), wurden sie 1959 ausgemustert. Die anderen liefen noch bis Ende der sechziger Jahre. Die DR-Lok wurde später als Teilespender für die berühmte Reko-Schnellfahrlok 18 201 herangezogen. Die 45 hatte wie die ähnlich konstruierte 06 ein Problem mit dem zu langen Kessel,was schwingungsbedingt zu Dichtigkeitsproblemen an der Verbindung zwischen den Rauchrohren und der Feuerbüchswand führte.

1937

2
2

Lübeck-Büchener Eisenbahn in Stromlinie

Seit 1851 verkehrte die Lübeck-Büchener Eisenbahn unter privater Regie. Das Streckennetz wurde erweitert, doch die wichtigste Verbindung war die zwischen den beiden Hansestädten Lübeck und Hamburg. Ab 1. April 1929 verkehrten täglich drei Züge nonstop als H - L Schnellverkehr. 1933 wurden erstmals die neuen Doble-Dampftriebwagen (DT 3000) eingesetzt. Der Höhepunkt dieses Dienstes waren die Stromlinien-Wendezüge mit Doppelstockwagen, die 1936 ihre ersten Fahrten unternahmen. Die drei neu gebauten Stromlinientenderloks – wegen ihrer geringen Größe und der grauen Lackierung liebevoll als „Micky-Mäuse" bezeichnet – stammten von Henschel. Zusätzlich erhielten fünf Maschinen des Typs T 12 eine Stromlinienhaut. Die mit Klimaanlage ausgestatteten hochwertigen Doppelstockwagen wurden von Linke-Hofmann und der WUMAG produziert. Am 1. Januar 1938 wurde die LBE verstaatlicht und der Reichsbahn zugewiesen. Das kleine Bild unten gibt einen Blick in den Innenraum der Wagen.

1936

Lokomotiven, Wagen und Bahnanlagen aus 175 Jahren

Die Baureihe 41 wird in Dienst gestellt

1936 lieferte Schwartzkopff die erste 41 aus, die als Güterzuglok mit vier Treibachsen eigentlich mittelschwere Güterzuge in hohem Tempo ziehen sollte. Doch dieses Modell konnte noch viel mehr. Bis zum Beginn des Kriegslokbaus 1942 wurden 366 Exemplare dieses Typs gebaut. Es waren vor allem das gute Beschleunigungsvermögen und die für eine Güterzuglok damals sehr hohe Spitzengeschwindigkeit von 90 km/h, die der 41 eine zweite Karriere als Personenzuglok einbrachten. Nach dem Krieg erhielten die Loks in Ost und West neue Kessel und wurden so zu den mit besten deutschen Dampflokomotiven. Für die Bundesbahn verkehrte sie bis 1977, in der DDR war sogar erst 1988 das Rentenalter erreicht.

1936

Kruckenbergs Schnelltriebwagen

Der Erbauer des Schienenzeppelins befasste sich weiter mit der Entwicklung von Hochgeschwindigkeits-Schienenfahrzeugen. Wieder sollte es ein Triebwagen sein, doch da der Propellerantrieb des Schienenzeppelins für Bahnhofhalte unpraktisch war, wurde das Fahrzeug mit zwei Zwölfzylinder-V-Motoren mit Abgasturbolader ausgestattet, welche die Leistung über ein hydraulisches Getriebe auf die Räder übertrugen. Dieses Strömungsgetriebe von Voith war die große Neuerung, die der als SVT 137 155 bezeichnete Triebzug aufwies. Bei einer Testfahrt stellte der Kruckenberg-Schnelltriebwagen zwischen Hamburg und Berlin mit 215 Stundenkilometern einen neuen Geschwindigkeitsrekord auf. Der Kriegsausbruch verhinderte weitere Erfolge. Später stand er lange in der DDR herum und wurde 1967 verschrottet. Als Vorbild des TEE-Triebzuges VT 11^5 führte er ein Nachleben.

1938

Diesellok V 36 für die Wehrmacht

Die Kieler MaK baute für die Wehrmacht 360 PS starke Diesellokomotiven mit Sechszylindermotoren und lieferte sie unter der Bezeichnung WR 360 C 14 aus. Nach dem Krieg wurden sie vor allem als Rangierloks herangezogen, aber auch als auf der Strecke überzeugende Fahrzeuge zur Bundesbahn überführt und mit der neuen Bezeichnung V 36 (= Verbrennungsmotor 360 PS) in das Baureihensystem eingeordnet. Es wurden sogar noch einige nachbestellt. Die zuverlässige V 36 entwickelte sich zum Rückgrat im westdeutschen Rangierbetrieb. 1968 erfolgte eine weitere Namensänderung, die EDV-tauglich sein sollte. Die V 36 wurde zur 236. 1981 wurde das letzte Exemplar abgestellt.

1938

„Anschluss" Österreichs und seiner Lokomotiven

*Am 2. Februar 1937 änderte sich die Rechtsform der Reichsbahn. Ihr Status als Gesellschaft wurde beseitigt. Aus der DRG wurde die DRB (**D**eutsche **R**eichs**b**ahn). Im März des darauf folgenden Jahres erfuhr die Reichsbahn durch den deutschen Einmarsch nach Österreich eine noch größere Bedeutung, denn die Österreichischen Bundesbahnen wurden in die DR integriert. Auf diese Weise kam eine große Menge österreichischer Lokomotiven in ihren Besitz, die in deutscher Gründlichkeit gleich mit Baureihennummern belegt worden sind. Diese Lok der Reihe 310, eine Vierzylinder-Verbundlok aus der Zeit der Donaumonarchie, wurde in die Baureihe 16 integriert. In der Folge wurden viele Loks ausgetauscht, weshalb Österreich einen ansehnlichen Bestand reichsdeutscher Dampflokomotiven bekam.*

1938

Stromlinienloks der Baureihe 03^{10}

Die beiden bestens bewährten Schnellzuglok-Baureihen 01 und 03 wurden 1939 überarbeitet und verbessert. Außerdem bekamen die neuen Typen eine Stromlinienverkleidung. Als Namenszusatz bekamen sie eine hochgestellte 10. Die in 60 Exemplaren gebaute 03^{10} wurde wegen des Krieges nicht mehr weitergebaut. Nach der Stunde Null wurde den Loks in Ost und West die Verkleidung abgenommen, denn höhere Geschwindigkeiten waren aufgrund des Unterbaus, der unzureichend gewartet war, nicht möglich. In den ersten Nachkriegsjahren gehörte die 03^{10} zu den wichtigsten Maschinen. Die DR stellte die bei ihr verbliebenen Einheiten ab 1965 auf Ölfeuerung um. Ein Jahr später stellte die DB ihre Modelle ab. In der DDR geschah das erst 1984.

1939

Beliebte Schnellverkehrslok: 01^{10}

Parallel zur 03^{10} wurde auch eine verbesserte Version der 01, die 01^{10}, gebaut und vorgestellt. Alle 55 fertiggestellten Loks stammen von der Berliner Maschinenbau AG, der ehemaligen Schwartzkopff. Auch sie wurden mit einer Stromlinienverkleidung versehen. Die große Zeit der 01^{10} brach jedoch nach dem Entfernen der Blechverkleidung in der Nachkriegszeit an. Vor allem nach dem Umbau auf Ölhauptfeuerung und dem Einbau neuer Hochleistungskessel wurden die Loks dieses Typs zu den wichtigsten im schweren Schnellzugverkehr der Bundesbahn. Die DR hatte keine Lok abbekommen, weil sie gegen Ende des Krieges alle in den Westen verlegt worden waren. 1975 wurde die letzte Lok dieser Baureihe abgestellt.

1939

Lokomotiven, Wagen und Bahnanlagen aus 175 Jahren

Genthin – das große Unglück

Das größte Unglück der deutschen Eisenbahngeschichte ereignete sich in der Nacht vom 21. zum 22. Dezember 1939 in der kleinen preußischen Stadt Genthin, die zwischen Magdeburg und Potsdam liegt. Die Ursache dafür war eine Pannenserie, die mit der Verspätung des nach Köln fahrenden D 10 begann. Der Lokführer des nachfahrenden D 180 übersah aus einem unbekannten Grund das auf Halt stehende Blocksignal und fuhr in den Streckenabschnitt, in dem sich der andere Zug befand. Den Versuch, den D 180 mit dem Nothaltsignal zu stoppen, bezog der Lokführer des D 10 auf sich, woraufhin er eine Schnellbremsung einleitete. Der folgende Auffahrunfall forderte nach Angaben der Reichsbahn 186 Tote. Nach anderen Angaben war die Opferzahl jedoch bedeutend höher und wird heute auf 278 Tote und 453 Verletzte beziffert.

1939

Der problematische Gigant: Baureihe 06

Den Gipfel der Stromlinien-Entwicklung sollte die ebenfalls 1939 vorgestellte Baureihe 06 von Krupp bilden. Doch daraus wurde nichts. Sie war zu lang, weshalb es schnell zu Kesselschäden kommen konnte. Technik und Verkleidung verursachten einen hohen Instandhaltungsaufwand. Besonders nachteilig wurde jedoch, dass die 06 zum Entgleisen neigte. So wurde der Höhepunkt eher zum Tiefpunkt. Das Projekt hatte ohnehin unter keinem guten Stern gestanden, denn Krupp hatte mit der Lok beim Bau ziemliche Probleme. Nach dem Krieg wurden die beiden gebauten Maschinen verschrottet. Die 06 war ein Vierkuppler mit je zwei Vor- und Nachlaufachsen. Sie wog stattliche 222 Tonnen, die von einem Dreizylinder-Triebwerk bewegt wurden.

1939

Erfolgreich im Güterzugverkehr und mehr: Die 50

Eine der erfolgreichsten Baureihen von Dampflokomotiven ging 1939 in Serienproduktion. Der Auftrag für die Konstruktion der Einheits-Güterzuglokomotive war bereits zwei Jahre vorher erteilt worden. Zu den Vorgaben gehörten unter anderem eine Höchstgeschwindigkeit von 80 km/h und ein Achsdruck, der 16 Tonnen nicht überschreiten sollte. Der Kriegsausbruch brachte eine enorme Nachfrage nach den Loks der Baureihe 50 mit sich. Sie wurden von 21 Unternehmen in mehreren europäischen Ländern hergestellt. Von den 3.164 gebauten Exemplaren überlebten überraschend viele den Zweiten Weltkrieg, sodass die Deutsche Bundesbahn 2.159 Stück übernehmen konnte. 350 Loks der Baureihe gingen an die Deutsche Reichsbahn der DDR. Bei der DB waren die Loks bis weit in die siebziger Jahre im Einsatz, so z. B. auf der Lahnstrecke zwischen Limburg und Lahnstein wie hier im Bild bei Obernhof im Jahr 1974.

1939

Lokomotiven, Wagen und Bahnanlagen aus 175 Jahren

Die erste Dampfmotorlok 19 1001

Die Dampflokomotive 19 1001 fiel schon äußerlich durch die aerodynamische Verkleidung auf. Was sie aber technisch zu etwas Außergewöhnlichem machte, war der Einzelradsatzantrieb mittels kleiner Dampfmotoren. Konstruiert war die Maschine bei Henschel in Kassel worden. Der Grund für den Bau der Versuchslokomotive war die Erkenntnis gewesen, dass man mit dem herkömmlichen Dampftriebwerk an das Ende der Entwicklungsmöglichkeiten gestoßen war und neue Wege finden musste, um den Antrieb zu verbessern. Die 19 1001 wurde erfolgreich getestet und kam 1943 zum Betriebseinsatz. Der Krieg verhinderte jedoch eine Weiterentwicklung des Antriebskonzepts. 1944 wurde die Lok durch eine Bombe schwer beschädigt. Sie kam nach Kriegsende in die USA und wurde dort 1952 verschrottet.

1941

Getarnt: Lokomotiven im Krieg

Als leistungsfähigstes Verkehrsmittel spielte natürlich die Eisenbahn eine wichtige Rolle im Zweiten Weltkrieg. Als es zum Ausbruch der Kampfhandlungen kam, waren die Züge für den Truppentransport und Nachschub unentbehrlich. Dementsprechend wurden sie schon 1940 zu Zielen von Luftangriffen. Später wurden einige Züge mit Flakabwehrwagen ausgestattet. Um sie vor Angriffen zu schützen, bekamen manche Züge auch einen Tarnanstrich. Elektroloks wurden in der Regel von Flugzeugen aus weniger leicht entdeckt als die rauchenden Dampflokomotiven. Aus diesem Grund wurden die ursprünglich für die Ostfront gebauten Kondensloks der Baureihe 52 in den Westen gezogen, denn ihre Kondensationseinrichtung zur Wiedergewinnung von Wasser aus dem Abdampf verhinderte eine Rauchfahne, die den Tieffliegern die Suche erleichterte.

1939-45

Das „deutsche Krokodil" für Güterzüge: E 94

„Deutsches Krokodil" und KEL 2 (Kriegselektrolokomotive 2) waren Bezeichnungen für die E 94, die 1940 in Serienfertigung ging. Die Elektrolok war für den schweren Gütertransport konzipiert und erbrachte eine Dauerleistung von 3.000 Kilowatt. 2.000 Tonnen wiegende Züge konnte sie auf ebener Strecke mit einer Geschwindigkeit von 85 Stundenkilometern ziehen. 146 Exemplare des „deutschen Krokodils" wurden von der AEG ausgeliefert. Diejenigen, die nach Kriegsende noch einsatzfähig waren, gingen an die Österreichischen Bundesbahnen, die Reichsbahn in der DDR und zum größten Teil an die Deutsche Bundesbahn. In den fünfziger Jahren ließ die Bundesbahn weitere Exemplare nachbauen. 1968 wurde aus der E 94 die Baureihe 194.

1940

1942

Die meistgebaute deutsche Dampflok: 52

KDL 1 (Kriegsdampflokomotive 1) war eine Bezeichnung der Baureihe 52, die den in die Höhe geschnellten Transportbedarf der Bahn bewältigen helfen sollte. Von den 15.000 geplanten Exemplaren wurden 7.000 hergestellt, was die 52 zur meistgebauten Dampflokomotive in Deutschland machte. Technisch basierte die KDL 1 auf der Baureihe 50. Eine schnellere und billigere Produktion im Vergleich zum Vorbild ermöglichte die Reduzierung der erforderlichen Bauteile von 6.000 auf 5.000 sowie die Vereinfachung von rund 3.000 Teilen. An der Produktion waren mehrere Fabriken in Deutschland und den besetzten Gebieten beteiligt. Ungefähr 700 Exemplare der Baureihe wurden von der Deutschen Bundesbahn übernommen.

Kriegslok der Baureihe 42

Die während des Zweiten Weltkriegs gebauten sogenannten Kriegslokomotiven waren so konzipiert, dass mit einem möglichst geringen Fertigungsaufwand eine große Stückzahl hergestellt werden konnte. Dabei sollte auf importierte Materialien verzichtet werden. Die Baureihe 42 zählte zu dieser Gattung, weswegen ihr die Bezeichnung KDL 3 (Kriegsdampflok 3) verliehen wurde. Sie war vor allem zum Ziehen schwerer Güterzüge vorgesehen. Nach Kriegsende befanden sich ungefähr 650 Exemplare der Baureihe 42 in den westlichen Besatzungszonen. Allerdings waren nicht alle einsatzfähig. In der sowjetischen Besatzungszone verrichteten 41 Lokomotiven der Baureihe ihren Dienst. Bei der Deutschen Bundesbahn wurden die letzten Exemplare 1962 ausgemustert.

1943

Luftangriffe zerstören deutsche Bahnhöfe

1943-45

Wegen ihrer militärischen und wirtschaftlichen Bedeutung waren Bahnhöfe, Bahnanlagen und Strecken wichtige Ziele der Luftwaffen beider kriegsführenden Seiten. Nach dem Verlust der Lufthoheit war es vor allem die deutsche Eisenbahn, die unter dem wachsenden Bombenkrieg zu leiden hatte. Eisenbahnknotenpunkte wie Dresden, das zudem ein Ausbesserungswerk und ein Bahnbetriebswerk besaß, befanden sich besonders im Visier der Bomber. Aber auch fahrende Züge wurden angegriffen. Am 22. Februar 1945 startete die Operation „Clarion", bei der über 9.000 alliierte Flugzeuge Angriffe auf Bahnknotenpunkte, Brücken und Lok-Depots flogen. Ungefähr 90 Prozent der Transportkapazität des Deutschen Reiches wurden dadurch zerstört. Im Bild oben der zerstörte Bahnhof von Nürnberg 1945.

Lokomotiven, Wagen und Bahnanlagen aus 175 Jahren

Die Siegermächte kontrollieren die Reichsbahn

Nach der bedingungslosen Kapitulation der Wehrmacht wurde Deutschland in vier Besatzungszonen aufgeteilt. Eine zentrale Leitung der Deutschen Reichsbahn existierte nicht mehr. Stattdessen ging die Verantwortung für den Eisenbahnbetrieb in die Hände der jeweiligen Zonenverwaltung über. Die Oberbetriebsleitung für die Bahn in der amerikanischen Zone befand sich in Frankfurt am Main. In der britischen Zone hatte die Reichsbahn-Generaldirektion in Bielefeld den Sitz. Dort befand sich zunächst auch die Leitung der Reichsbahn nach dem wirtschaftlichen Zusammenschluss der beiden Zonen. Die „Südwestdeutschen Eisenbahnen“ der französischen Zone hatten ihren Sitz in Speyer. 1946 bekam das Saarland eine eigene Eisenbahn.

1945

Sowjets verlangen Bahnanlagen als Reparation

Nach Kriegsende sah sich die Reichsbahn in der sowjetischen Besatzungszone (SBZ) mit ähnlichen Zerstörungen wie im restlichen Teil Deutschlands konfrontiert. Was die Situation in der SBZ jedoch noch erschwerte, war der systematische Abbau von Bahnanlagen und die Beschlagnahme von Lokomotiven als Reparationsleistung. Bis März 1947 wurden in der SBZ ungefähr 11.800 Kilometer Schienen abgebaut. Soweit vorhanden, wurde auf fast allen Strecken das zweite Gleis entfernt. Eine Ausnahme war die Strecke von Berlin nach Frankfurt an der Oder, da dies die Verbindung nach Moskau war. Einige Lokomotiven und Wagen wurden später von der DDR wieder zurückgekauft.

Die russische 555.0301 steht im Eisenbahn-Museum von Luzná u Rakovnika. Sie ist eine ehemalige deutsche Kriegslok der Baureihe 52 und wurde teilweise umgebaut und an die russische Breitspur angepasst.

1945

Lokomotiven, Wagen und Bahnanlagen aus 175 Jahren

Die große Teilung: Bundesbahn und Reichsbahn der DDR

1949 war das Geburtsjahr der beiden deutschen Staaten. In der Bundesrepublik Deutschland entstand im selben Jahr die Deutsche Bundesbahn, während im Osten zumindest dem Namen nach die Deutsche Reichsbahn fortbestand. Unabhängig vom Namen waren beide Bahnen jedoch zunächst auf das von der alten Reichsbahn übernommene rollende Material angewiesen. Auch die ersten Neukonstruktionen von Dampflokomotiven basierten noch auf Vorgängermodellen. Nach dem Niedergang des Eisernen Vorhangs in der Mitte Europas entwickelten sich die beiden Bahnen zunehmend auseinander. Diesel- und Elektroloks ersetzten bald die rauchenden Dampflokomotiven der Deutschen Bundesbahn. Die Reichsbahn der DDR brauchte nicht zuletzt wegen der hohen Reparationsleistungen an die Sowjetunion bedeutend länger, um vom Dampfantrieb auf andere Traktionsarten umzusteigen.

Gründung der Deutschen Bundesbahn

Mit einem Bahndienstfernschreiben vom 6. September 1949 wurde die Deutsche Bundesbahn gegründet. Das Telegramm besagte, dass vom 7. September an die Bezeichnung „Deutsche Reichsbahn" im vereinigten Wirtschaftsgebiet durch „Deutsche Bundesbahn" zu ersetzen sei. Im gleichen Monat bildete Konrad Adenauer die erste Regierung der Bundesrepublik Deutschland. Die Stellung der Bahn wurde mit dem Bundesbahngesetz von 1951 als Sondervermögen des Bundes mit eigener Wirtschafts- und Rechnungsführung festgelegt. Erst im Juli 1952 wurde die „Betriebsvereinigung der Südwestdeutschen Eisenbahnen" der französischen Zone offizieller Bestandteil der Bundesbahn. Die Eisenbahnen des Saarlandes folgten 1957.

1949

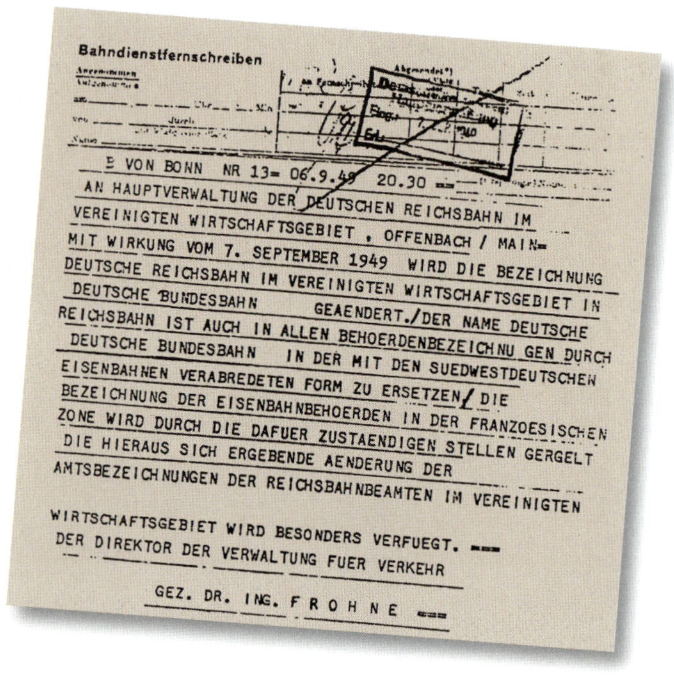
Bahndienstfernschreiben

B VON BONN NR 13= 06.9.49 20.30 =
AN HAUPTVERWALTUNG DER DEUTSCHEN REICHSBAHN IM VEREINIGTEN WIRTSCHAFTSGEBIET , OFFENBACH / MAIN=
MIT WIRKUNG VOM 7. SEPTEMBER 1949 WIRD DIE BEZEICHNUNG DEUTSCHE REICHSBAHN IM VEREINIGTEN WIRTSCHAFTSGEBIET IN DEUTSCHE BUNDESBAHN GEAENDERT./DER NAME DEUTSCHE REICHSBAHN IST AUCH IN ALLEN BEHOERDENBEZEICHNU GEN DURCH DEUTSCHE BUNDESBAHN IN DER MIT DEN SUEDWESTDEUTSCHEN EISENBAHNEN VERABREDETEN FORM ZU ERSETZEN/ DIE BEZEICHNUNG DER EISENBAHNBEHOERDEN IN DER FRANZOESISCHEN ZONE WIRD DURCH DIE DAFUER ZUSTAENDIGEN STELLEN GERGELT DIE HIERAUS SICH ERGEBENDE AENDERUNG DER AMTSBEZEICHNUNGEN DER REICHSBAHNBEAMTEN IM VEREINIGTEN WIRTSCHAFTSGEBIET WIRD BESONDERS VERFUEGT. =
DER DIREKTOR DER VERWALTUNG FUER VERKEHR
GEZ. DR. ING. F R O H N E =

Wiedereröffnung der Eifelstrecke Kall–Schleiden–Hellenthal am 14. Dezember 1949. Im Bild die Lok 74 849, die von den Einheimischen liebevoll „Flitsch" genannt wurde, am Haltepunkt Hellenthal-Blumenthal.

Kleinbahnen in der DDR werden verstaatlicht

In der sowjetischen Besatzungszone wurden nicht nur die Überreste der Deutschen Reichsbahn, sondern alle Wirtschaftszweige unter die Kontrolle der Militäradministration gestellt. Mit der Gründung der DDR gab es nur noch staatliche Betriebe. Davon betroffen waren auch die Kleinbahnen, die schließlich zu Nebenbahnen der Reichsbahn wurden. Ein Beispiel dafür ist die Harzquerbahn, die das thüringische Nordhausen mit Wernigerode in Sachsen-Anhalt verband. Betrieben wurde sie von der Nordhausen-Wernigeroder Eisenbahn-Gesellschaft. 1948 wurde das Unternehmen enteignet und ging in den Landesbahnen Sachsen-Anhalt auf. Ab 1949 wurde der Zugbetrieb nur noch von der Reichsbahn durchgeführt.

1949

Deutsche Speisewagen-Gesellschaft (DSG)

Die für den Service in den Schlaf- und Speisewagen zuständige Mitteleuropäische Schlaf- und Speisewagen Aktiengesellschaft (Mitropa) stand nach dem Zweiten Weltkrieg vor einer ähnlichen Situation wie die Reichsbahn. Sowohl im Osten als auch im westlichen Teil Deutschlands wurde zunächst der Name Mitropa weiterhin verwendet, obwohl keine gemeinsame Leitung mehr bestand. Nur in der britischen Zone erhielt die Service-Gesellschaft andere Namen. Im Januar 1949 wurde die „Deutsche Schlafwagen- und Speisewagen-Gesellschaft" (DSG) gegründet. Sie übernahm im folgenden Jahr die Geschäfte der Mitropa-Überreste in Westdeutschland. Die Wiedervereinigung mit der Ost-Mitropa musste bis zur Gründung der Deutschen Bahn AG warten.

1950

Der „Rheingold" und die F-Züge

Ein Symbol dafür, dass sich in Europa nach dem verheerenden Zweiten Weltkrieg die Lage normalisiert hatte, war der Rheingold-Express, dessen Fahrt zwischen Hoek van Holland und Basel am 20. Mai 1951 wieder aufgenommen wurde. Der Rheingold-Express zählte zu den F-Zügen (Fernzügen), die im gleichen Jahr von der Deutschen Bundesbahn eingeführt wurden, um die Wirtschaftszentren miteinander zu verbinden. Es waren Wagen der ersten, zweiten und dritten Klasse vorhanden. Zum Ziehen dienten die Dampflokomotiven der Baureihen 01, 03, 03.10, 23 und 41. Für den Betrieb des Speisewagens sorgte anfangs die CIWL (Compagnie Internationale des Wagons-Lits) und ab 1955 die DSG.

1951

Lokomotiven, Wagen und Bahnanlagen aus 175 Jahren

Die Baureihe 65 geht an den Start

Die Dampftraktion war auch in den fünfziger Jahren für einen wichtigen Teil der Zugleistung bei der Deutschen Bundesbahn verantwortlich. Viele Dampflokomotiven waren von der Reichsbahn übernommen worden, aber es wurden auch neue benötigt. 1951 ging die Baureihe 65 bei Krauss-Maffei in München in Serienproduktion. Die Loks konnten eine Geschwindigkeit von 85 Stundenkilometern und eine Leistung von 1480 PS erzielen. Eingesetzt wurden sie vor allem im Nahverkehr, da die Tenderloks für längere Strecken nicht genügend Brennstoff mitführen konnten. Bis 1956 wurden 18 Exemplare der 65er hergestellt. Obwohl sich die Lok im Einsatz hervorragend bewährte, wurde auf einen Weiterbau verzichtet, da inzwischen die Dieseltraktion immer mehr an Bedeutung gewann.

1951

Der „Kartoffelkäfer" VT 92 501

Den Beinamen „Kartoffelkäfer" erhielt der Dieseltriebwagen, dessen richtige Bezeichnung VT 92 501 lautete. Der Kartoffelkäfer basierte auf dem Triebwagen 872, der bereits 1932 hergestellt worden war. Die Umbauarbeiten begannen 1949 bei MAN in Nürnberg. Dabei erhielt der Triebwagen eine neue Maschinenanlage und einen anderen Wagenkasten. Die runde Kopfform war gemeinsam mit der Lackierung in Grau, Rotbraun und Schwarz der Grund für die Bezeichnung Kartoffelkäfer. Für das rundliche Design, das später auch bei anderen Baureihen Anwendung fand, wurde der Ausdruck „Eierkopf" verwendet, weswegen der VT 92 501 als Ur-Eierkopf galt. Der Kartoffelkäfer wurde 1951 als Versuchstriebwagen in Dienst gestellt.

1951

Eierköpfe auf Schienen: ET 30 und ET 56

Mit dem ET 56 ging 1952 der erste Elektrotriebwagen der Nachkriegszeit an den Start. Die Technik basierte zwar auf vorhergehenden Modellen, aber das Eierkopf-Design verlieh dem Triebwagen doch eine Aura von Fortschritt und Modernität. Konzipiert war der ET 56, von dem sieben Garnituren hergestellt wurden, für den Nahschnellverkehr im süddeutschen Raum. 1968 wurde aus dem ET 56 die Baureihe 456. Der ET 30, der später 430 hieß, glich dem ET 56 äußerlich, war aber eine gänzliche Neuentwicklung. Der Elektrotriebwagen war für den Nahverkehr im Ruhrgebiet vorgesehen. Allerdings waren 1955, als die Auslieferung der Triebwagen begann, die Strecken im vorgesehenen Einsatzgebiet noch nicht genügend elektrifiziert, weswegen der ET 30 auch in anderen Gegenden zum Einsatz kam.

1952

Im Bild oben der ET 56 in Neckarelz und im Bild unten der ET 30 in Holzwickede.

Lokomotiven, Wagen und Bahnanlagen aus 175 Jahren

Die E 10 – Elektrolok der Oberklasse

Die zunehmende Elektrifizierung der Strecken in Westdeutschland machte den Einsatz neuer Lokomotiven notwendig. 1950 wurde von der Deutschen Bundesbahn deshalb bei den Firmen AEG, BBC, SSW, Kraus-Maffei, Krupp und Henschel der Auftrag für den Bau von Versuchslokomotiven erteilt. Zu den Vorgaben gehörte eine garantierte Höchstgeschwindigkeit von 130 km/h. Die fünf Elektroloks, die 1952 ausgeliefert wurden, bildeten die Vorserie E 10^0. Die Serienproduktion der E 10 begann 1956. Später wurde diese Baureihe als E 10^1 bezeichnet. Andere Baureihen, die auf der Vorserie beruhten, waren die E 40, E 41 und E 50. Aus der E 10 wurde 1968 die Baureihe 110. Die E 10 befand sich bis 1969 im Bau.

1952

Die erste Nachkriegs-Neubaudiesellok V 80

Zu den Zielen der Bundesbahn gehörte es, vor allem die Strecken mit einer großen Zugdichte zu elektrifizieren. Der Fernschnellverkehr sowie der leichte Eil- und Personenzugdienst sollten der Dieseltraktion übertragen werden. Um die nötigen Lokomotiven zur Verfügung zu bekommen, wurde 1950 der Auftrag zur Entwicklung einer neuen Diesellokomotive erteilt. Als Ergebnis entstanden 1952 zehn Exemplare der Baureihe V 80. Die V 80 war zwar als Mehrzwecklokomotive gedacht, wegen der mangelnden Motorleistung wurde sie aber vor allem beim Vorort- und beim leichten Eilverkehr eingesetzt. Was die Lok auszeichnete, war der mittige Führstand, der die Motorräume überragte. Aus der Baureihe V 80 wurde 1968 bei der Umstellung auf EDV die Baureihe 280.

1952

DDR führt neue Doppelstockwagen ein

Vor allem um das hohe Fahrgastaufkommen im Pendlerverkehr bewältigen zu können, führte die Deutsche Reichsbahn in der DDR 1952 Doppelstockwagen ein. Die Wagen wurden vom VEB Waggonbau Görlitz, der früheren Waggon- und Maschinenbau AG (WUMAG), hergestellt. Technisch basierten sie auf den hochwertigen Vorkriegs-Doppelstockwagen der Lübeck-Büchener Eisenbahn. Bis zu 906 Reisende konnten in den Wagen Platz finden. Mit den Wagen war eine Reisegeschwindigkeit von 100 Stundenkilometern möglich. Ursprünglich sorgte eine Dampfheizung für die nötige Wärme in kalten Jahreszeiten, später wurde eine Elektroheizung installiert. Die Doppelstockwagen wurden nicht nur in der DDR eingesetzt, sondern gingen auch in den Export in andere Länder des Rates für gegenseitige Wirtschaftshilfe (RGW).

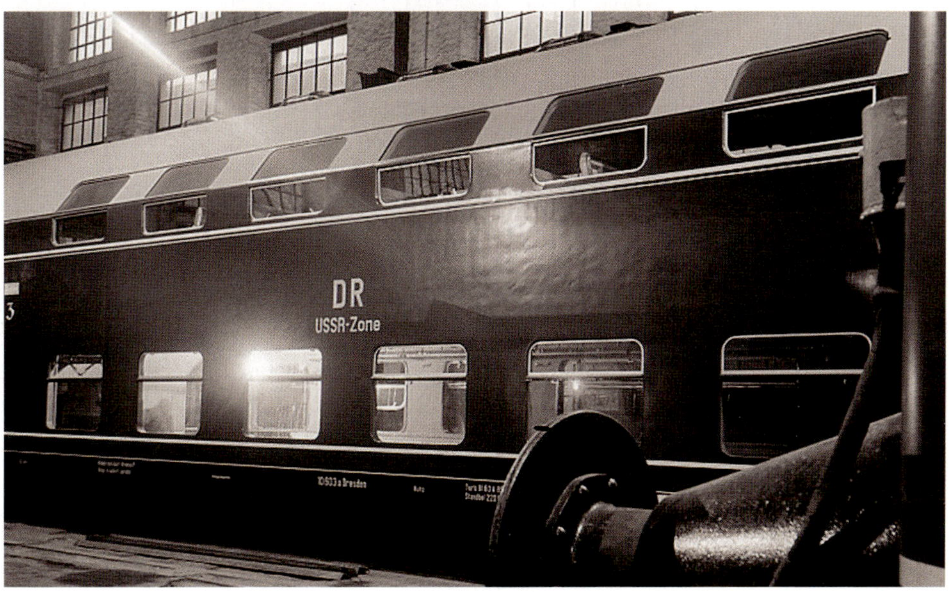

1952

Lokomotiven, Wagen und Bahnanlagen aus 175 Jahren

Triebwagen der Weltmeister wird gebaut

1952

Der Dieseltriebwagen VT 08^5 schrieb gleich in zweifacher Hinsicht Geschichte. Als 1954 die deutsche Mannschaft unerwartet die Fußballweltmeisterschaft in Bern gewann, war es ein Triebwagen dieser Baureihe, der die Sieger nach Hause fuhr. Der „Weltmeisterzug" befindet sich heute im Eigentum des DB Museums. Ein anderes Datum, an dem der VT 08^5 Geschichte schrieb, war der 2. Juni 1958. An diesem Tag startete mit einem dieser Triebwagen der Trans Europ Express in Deutschland. Beide Ereignisse symbolisierten die wachsende Integration der Bundesrepublik Deutschland in Westeuropa. Das Haupteinsatzgebiet der gesamten Baureihe war vor allem der Fernverkehr. Die später eingeführte EDV-Nummer lautete 608.5.

Die Legende: Großdiesellok V 200

Zu den unangefochtenen Stars der dieselgetriebenen Lokomotiven der fünfziger und sechziger Jahre gehörte auf der westlichen Seite der innerdeutschen Grenze die V 200. Die Exemplare der großen Streckenlokomotive der Deutschen Bundesbahn wurden 1953 als Vorserie von Krauss-Maffei gefertigt. Die serienmäßige Produktion begann 1956. Insgesamt wurden 86 Loks dieser Baureihe bei Krauss-Maffei und Maschinenbau Kiel gefertigt. Die mit zwei V12-Dieselmotoren ausgerüstete Maschine stand für den Wiederaufbau und den Fortschritt bei der Bahn. Sie ersetzte Dampfloks, die bisher im Personenfernverkehr oder im schweren Gütertransport eingesetzt worden waren. Im späteren EDV-System lautete die Baureihen-Bezeichnung 220.

1953

Dampflok 65^{10} der DDR

Ein Gegenstück zu den 65er Dampflokomotiven der Bundesbahn, die Baureihe 65^{10}, ging bei der Deutschen Reichsbahn in der DDR 1954 an den Start. Die Serienfertigung wurde von dem VEB Lokomotivbau „Karl Marx" in Potsdam-Babelsberg übernommen. Bis 1957 wurden 86 Exemplare an die Deutsche Reichsbahn ausgeliefert. Weitere sieben Loks bekam der VEB Leuna-Werke für den Einsatz in der Industrie. Die 65^{10} konnte neun Tonnen Kohle mit sich führen, was die fast doppelte Menge des Vorrats der westdeutschen 65 war. Allerdings handelte es sich dabei um die schlechtere Braunkohle. Das Haupteinsatzgebiet der 65^{10} bei der Reichsbahn war der Personennahverkehr, unter anderem auch mit Doppelstockwagen.

1954

Schienenbus VT 98 kommt auf die Schiene

Als „Uerdinger Schienenbus“ wurde der Dieseltriebwagen VT 98 bezeichnet, da er von der Waggon-Fabrik AG in Uerdingen hergestellt wurde. Das Einsatzfeld des Triebwagens in Leichtbauweise war der regionale Personennahverkehr. Mit den Schienenbussen wollte die Deutsche Bundesbahn die wenig rentablen Strecken für den Pendlerverkehr erhalten, weswegen der VT 98 bei Eisenbahnfreunden auch mit dem Beinamen „Retter der Nebenbahnen“ ausgezeichnet wurde. Weniger schmeichelhaft war der Name „Roter Brummer“ in Anspielung auf den roten Anstrich und die weithin hörbaren Fahrgeräusche. Abhängig davon, ob das Fahrzeug mit einem oder mit zwei Motoren ausgestattet war so lautete dann die entsprechende Baureihenbezeichnung 796 oder 798.

1955

Neubaulok 23^{10} in der DDR gebaut

Zu den Weiterentwicklungen der Deutschen Reichsbahn in der DDR gehörte die Baureihe 23^{10}, die auf der 1941 in zwei Exemplaren gebauten Baureihe 23 basierte. In der Zeit von 1955 bis 1959 wurden 113 Exemplare in Dienst gestellt. Es war vor allem der Personenzugverkehr, wo die Loks zum Einsatz kamen. 1970 wurde die Baureihe in 35^{10} umbenannt. Die Betriebsnummern der gebauten Exemplare lauteten dann 35 1001 bis 35 1113. Sie wurden mit der zunehmenden Verwendung der Diesel- und Elektrotraktion ausgemustert, sodass die letzten Loks der Baureihe bis 1977 in den Ruhestand traten. Die Energiekrise Ende der siebziger Jahre brachte sie jedoch in den Dienst zurück. Die zweite Ausmusterung wurde bis 1991 vollzogen.

1955

Die 3. Klasse wird abgeschafft

1956

Mitte der fünfziger Jahre machte sich mit der wachsenden Verbreitung von Personenkraftwagen der Individualverkehr als Konkurrent der Bahn zunehmend bemerkbar. Die Deutsche Bahn versuchte ihrerseits, den Komfort in ihren Wagen zu erhöhen. Dazu gehörte seit 1952 die Umwandlung von Holzbänken in Polstersitze. Das steigende Einkommen im Wirtschaftswunderland Bundesrepublik ließ die Ansprüche der Bahnkunden zudem steigen. 1956 reagierte die Deutsche Bahn mit der Abschaffung der dritten Klasse auf die neue Situation. Ein Vorteil davon war auch das vereinfachte Preisschema. Die zweite Klasse lag mittlerweile auch in finanzieller Reichweite des Durchschnittsverdieners. Für die gehobenen Ansprüche stand immer noch die erste Klasse zur Verfügung.

Lokomotiven, Wagen und Bahnanlagen aus 175 Jahren

Deutsche Reichsbahn setzt Baureihe 50^{40} ein

Die 50^{40} war eine Weiterentwicklung der Einheits-Güterzuglokomotive der Baureihe 50, die ab 1939 hergestellt worden war. Die Reichbahn der DDR ließ 88 Stück dieses Modells beim VEB Lokomotivbau „Karl Marx" in Babelsberg fertigen und setzte sie vor allem zum Ziehen von Nahgüterzügen ein. Zu den Neuentwicklungen gehörte der Kessel mit dem Mischvorwärmer. Technisch war die 50^{40} mit der Personenzuglok 23^{10} verwandt, besaß jedoch ein anderes Fahrwerk. Die Dampflokomotive wurde von 1956 bis 1960 produziert. Die Ausmusterung aus dem Dienst bei der Deutschen Reichsbahn erfolgte 1980. Einige Exemplare fanden auch im Ruhestand noch eine Verwendung als Heizlokomotiven.

1956

Die E 41 wird vorgestellt

Die E 41 (später BR 141) basierte wie die E 40 auf der E 10, sie war jedoch für den Einsatz auf Nebenstrecken und im Nahverkehr vorgesehen. Einige Loks der Baureihe verrichteten ihren Dienst auch im Fernverkehr, solange es die Höchstgeschwindigkeit von lediglich 120 Stundenkilometern zuließ. Die Serienproduktion begann 1956 bei den Henschel-Werken in Kassel und bei Krauss-Maffei in München. Für den elektrischen Teil waren die Firmen AEG, BBC und Siemens verantwortlich. Bis 1971 wurden 451 Loks der Baureihe von der Deutschen Bundesbahn in Dienst gestellt. Standardmäßig waren die Loks mit einer Wendezugsteuerung ausgerüstet. Die Ausmusterung der Loks wurde bis 2007 vollzogen.

1956

Bundesbahn stellt die Güterzuglok E 40 vor

1957

Bei der Deutschen Bundesbahn spielte die elektrische Traktion auch im Güterverkehr eine zunehmend wichtige Rolle. Mit der E 40, die auf der E 10 und den mit der Vorserie dieser Baureihe gewonnenen Erfahrungen beruhte, führte die Deutsche Bundesbahn eine leistungsstarke Einheitslokomotive für den Güterverkehr ein. Die Serienfertigung begann 1957. 879 Exemplare verließen die Werkshallen der Hersteller. Damit handelt es sich bei der E 40 um die meistgebaute Einheitslok der Bundesbahn. Zur Baureihe E 40^{11} zählten 31 E-40-Loks, die 1959 mit einer Gleichstrom-Widerstandsbremse ausgerüstet wurden. Die später eingeführte neue Baureihennummer der E 40 lautete 140 und im Fall der E 40^{11} 139.

Die Ära des Trans Europ Express beginnt

Westeuropa wuchs wirtschaftlich immer enger zusammen und damit nahm auch der Bedarf an Geschäftsreisen zwischen den westlichen Metropolen des geteilten Kontinents zu. Die Bahnen der einzelnen Länder versuchten diesem Trend zu entsprechen, weswegen schon 1954 die Trans Europ Express Kommission mit Sitz in Den Haag gegründet wurde. Das Ziel war es, ein leistungsfähiges Netz von grenzüberschreitenden Fernschnellzügen zu schaffen. Auf einheitliche Triebwagen konnte man sich jedoch nicht einigen. Stattdessen stellte man bestimmte Standards auf. Dazu gehörten eine Höchstgeschwindigkeit von 140 km/h, eine hohe Laufruhe sowie eine maximale Achslast von 18 Tonnen. Es wurden lediglich Wagen mit erster Klasse angeboten.

1957

Dieseltriebwagen VT 11^5, die spätere Baureihe 601.

Im Verkehrsmuseum in Nürnberg (DB Museum) ist dieser Triebkopf der Baureihe 602 mit Gasturbinenantrieb zu bewundern.

Triebwagen VT 11^5, die TEE-Legende

Speziell für den Trans Europ Express, der 1957 den Zugverkehr zwischen europäischen Großstädten aufnahm, ließ die Bundesbahn den Dieseltriebwagen VT 11^5, die spätere Baureihe 601, entwickeln. 19 Triebköpfe wurden von den Unternehmen MAN, Linke-Hofmann-Busch sowie Wegmann hergestellt. Die ersten von dem VT 11^5 gefahrenen internationalen Verbindungen waren von Frankfurt am Main nach Amsterdam, von Dortmund nach Oostende, von Hamburg-Altona nach Zürich und von Dortmund nach Paris. Weil immer mehr Lokomotiven zum Ziehen der TEE-Züge in Dienst gestellt wurden, kam der VT 11^5 zunehmend bei Fernzügen und Intercitys zum Einsatz. Später fuhr er auch als Urlaubszug. Ab 1972 wurden auch vier Exemplare zur Baureihe 602 mit Gasturbinenantrieb für den IC-Verkehr umgebaut. Diese wurden aber schon zehn Jahre später wieder ausgemustert.

1957

Das erste Zentralstellwerk geht in Betrieb

1957

1957 war für die Deutsche Bundesbahn in mehrfacher Hinsicht ein bedeutendes Jahr. In diesem Jahr traten nicht nur die TEE-Züge zum ersten Mal ihre Reise in die westeuropäischen Metropolen an, die Technik machte auch in Hinsicht auf die Automatisierung des Bahnbetriebs große Fortschritte. In Frankfurt am Main wurde zu diesem Zweck das erste Zentralstellwerk in Betrieb genommen. Das Stellen von Weichen und Signalen konnte für den Großraum Frankfurt nun von einem Ort aus vorgenommen werden. Eine dem Zug vorauseilende Zielkennungs-, Gattungskennzeichen- und Zugnummernfernmeldung sorgten für eine erhöhte Sicherheit. Das Frankfurter Zentralstellwerk gehörte zu den größten seiner Art in Europa.

Lokomotiven, Wagen und Bahnanlagen aus 175 Jahren

Schwarze Schwäne: Bundesbahnbaureihe 10

Von den „schwarzen Schwänen" gab es nur zwei Exemplare. Die Lokomotiven der Baureihe 10 hätten eigentlich die Dampfloks der Baureihen 01 und 01^{10} ablösen sollen. Einer der Gründe, warum aber dann von Krupp nur zwei Maschinen gebaut wurden, war die späte Geburt der „schwarzen Schwäne". 1957 war schon offensichtlich, dass die Zeit der Dampftraktion bei der Bundesbahn zu Ende ging. Ein anderer Grund war der Achsdruck von 22 Tonnen, der es den Loks erlaubte, nur auf bestimmten Hauptstrecken zu fahren. Die beiden Lokomotiven der 10er-Reihe kamen vor Eil- und Schnellzügen zum Einsatz, wurden aber trotz ihres anmutigen Aussehens 1968 schon wieder ausgemustert.

1957

Geballte Kraft der Bundesbahn: E 50

Als Kraftprotz unter den Elektrolokomotiven der Deutschen Bundesbahn profilierte sich die E 50, die sich durch ihre Stundenleistung von 4.500 Kilowatt für den schweren Güterverkehr eignete. Die ersten 32 bei Henschel, Krauss-Maffei und Krupp hergestellten E 50 wurden 1957 ausgeliefert. Bis 1973 erhöhte sich ihre Zahl auf 194. Für den elektrischen Teil waren auch diesmal AEG, BBC und Siemens zuständig. Ab 1968 lautete die Baureihennummer 150. Die Höchstgeschwindigkeit der 126 Tonnen wiegenden Lok lag bei 100 Stundenkilometern, was in späterer Zeit nicht mehr als ausreichend angesehen wurde. Die planmäßige Ausmusterung der Loks begann 1993 und endete 2003. Zwei 150er sind als Museumslokomotiven erhalten geblieben.

1957

Lokomotiven, Wagen und Bahnanlagen aus 175 Jahren

Erste Mehrsystemlok für Frankreichfahrten

Ein Hindernis beim grenzüberschreitenden Verkehr mit Elektroloks stellten die unterschiedlichen Oberleitungsspannungen einiger Länder dar. Dieses Problem sollte zumindest für den Verkehr nach Frankreich und Luxemburg die Baureihe E 320 lösen. Drei Exemplare dieser Baureihe wurden 1960 von AEG und Krupp hergestellt. Die Mehrsystemlokomotiven waren so ausgerüstet, dass sie den Strom auch aus den unterschiedlichen Netzen beziehen konnten. Sie erreichten eine Höchstgeschwindigkeit von 120 Stundenkilometern. Auf große Reise gingen sie jedoch nicht, stattdessen wurden sie vor allem auf der Strecke zwischen Saarbrücken und Forbach eingesetzt. Die spätere Baureihenbezeichnung war 182. Die Ausmusterung erfolgte 1982.

1960

Letzte Dampflok der DB wird gebaut

Die Dampflokomotiven der Baureihe 23 wurden von den Unternehmen Henschel, Jung, Krupp und der Maschinenfabrik Esslingen seit 1950 hergestellt. Ihr Einsatzgebiet war der schnelle Personenverkehr. Technisch basierten sie auf der Baureihe 23 der Reichsbahn, deren Lokomotiven aber in der DDR verblieben waren. Insgesamt wurden 105 23er-Lokomotiven hergestellt. Das letzte Exemplar wurde 1959 von der Arnold Jung Lokomotivfabrik ausgeliefert. Unter der Nummer 23 105 konnte die Lok im Dezember des Jahres Einstand bei der Deutschen Bundesbahn feiern. Aber es war die letzte Dampflokomotive, die den Dienst bei der Bahn im Westen Deutschlands antrat. Die Zeit der Dampftraktion neigte sich dem Ende zu.

1959

Geburt der Baureihe V 160

Die Ablösung der Dampftraktion machte bei der Deutschen Bundesbahn große Fortschritte. Einen wichtigen Beitrag dazu leistete die V 160, von der 1960 eine Vorserie aus neun Loks hergestellt wurde. Die Serienfertigung begann 1964. Angetrieben wurde die Lokomotive von einem Sechzehnzylinder-Dieselmotor, der eine Leistung von 1.400 Kilowatt (1.900 PS) erbrachte. Im Schnellgang war eine Höchstgeschwindigkeit von 120 km/h möglich. Das Einsatzfeld der V 160 war der mittelschwere Streckendienst. Für das Beheizen der angehängten Wagen stand eine ölgefeuerte Dampfheizungs-Anlage zu Verfügung. 1968 wurde die Baureihenbezeichnung in 216 abgeändert. Die Ausmusterung erfolgte im neuen Jahrtausend. Einige Exemplare gelangten zu Privatbahnen, die meisten wurden jedoch verschrottet.

1960

Erste DR-Großdiesellok: Die V 180

Die V 180 der Deutschen Reichsbahn sollte gleich mehrere Baureihen von Dampflokomotiven ersetzen und damit der Dieseltraktion einen größeren Anteil an den Transportleistungen auf den Schienen der DDR verleihen. Zwei Versuchslokomotiven wurden 1959 hergestellt, kamen jedoch nie zum Einsatz bei der Reichsbahn. In den nächsten Jahren wurden weitere Voraus-Lokomotiven gebaut. Die eigentliche Serienfertigung begann erst 1963. Bei der V 180 handelte es sich um die größte in dem Babelsberger Lokomotivenwerk hergestellte Diesellokomotive. Als Antrieb besaß sie zwei Zwölfzylinder-Dieselmotoren mit einer Leistung von jeweils 736 Kilowatt (1.000 PS). Die spätere Baureihennummer lautete 118. Bei der DB AG führte sie die Nummer 228.

1960

Lokomotiven, Wagen und Bahnanlagen aus 175 Jahren

DDR startet ins Stromzeitalter: Elektrolok E 11

Ende der fünfziger Jahre wurde es immer deutlicher, dass die alternden Lokomotiven auf den elektrifizierten Strecken der Deutschen Reichsbahn Nachfolger benötigten. Der Bau der ersten neuentwickelten Elektrolokomotive der DDR wurde von dem VEB Lokomotivbau Elektrotechnische Werke „Hans Beimler“ in Hennigsdorf durchgeführt. Die Auslieferung der ersten Prototypen erfolgte 1961. Die Serienlieferung begann im folgenden Jahr. Bis zum Januar 1976 wurden 96 Exemplare der E 11 (später Baureihe 242) ausgeliefert. Eine für den Güter- und langsamen Personenverkehr bestimmte Version der E 11 wurde als E 42 seit 1962 produziert. Die E 11 war bis zu 120 km/h schnell, die Ausführung als E 42 erreichte 100 Stundenkilometer.

1961

Umgebaute Legende: 18 201

Eine Sonderstellung unter den Lokomotiven der DDR nahm die 18 201 ein. Sie wurde speziell für Tests der auch im Export erfolgreichen Reisezugwagen bestimmt und sollte das Probefahren der Wagen mit einer Geschwindigkeit von 160 km/h ermöglichen. Bei einer Testfahrt in der Tschechoslowakei hatte sie eine Spitzengeschwindigkeit von 176 km/h erzielt. Die 18 201 genießt noch heute den Ruf, die schnellste betriebsfähige Dampflokomotive der Welt zu sein. Sie basierte auf mehreren Vorgängern. Das Laufwerk, das vordere Drehgestell und die Steuerungsträger stammten von der 61 002. Der hintere Rahmenteil, die Schleppachse und die beiden äußeren Zylinder wurden der H 45 024 entnommen. Eine Neukonstruktion stellte der Hochleistungskessel dar.

1961

„Silberlinge" machen Reiseverkehr komfortabler

Die Bezeichnung „Silberlinge" erhielt die offiziell als n-Wagen bezeichnete Gattung von Personenwagen der Deutschen Bundesbahn wegen dem silbern glänzenden, aus poliertem Edelstahl bestehenden Wagenkasten. Von den Wagen wurden im Zeitraum von 1961 bis 1980 über 5.000 Stück in Dienst gestellt. Mit ihrer Länge von 26,4 Meter entsprachen sie den Richtlinien des Internationalen Eisenbahnverbandes (UIC). Sie waren für eine Höchstgeschwindigkeit von 120 bis 140 km/h zugelassen und wogen abhängig von der Ausführung 31 bis 40 Tonnen. Im Zweite-Klasse-Wagen konnten bis zu 96 Personen Platz finden. Die Silberlinge waren vor allem für den Nahverkehr bestimmt, wurden aber auch bei Schnellzügen, Interzonenzügen und sogar als Lazarettwagen bei der Bundeswehr eingesetzt.

1961

Lokomotiven, Wagen und Bahnanlagen aus 175 Jahren

Fehmarn wird mit dem Festland verbunden

Der 30. April 1963 ist nicht nur ein wichtiges Datum für die Insel Fehmarn, sondern auch für die Eisenbahn in Deutschland. Mit der Freigabe der Eisenbahn- und Straßenbrücke über den Fehmarnsund war es nun möglich, Hamburg über Lübeck in einer annähernd geraden Linie mit der dänischen Hauptstadt Kopenhagen zu verbinden. Die Bahnlinie führte nun direkt zum neuen Fährbahnhof Puttgarden auf Fehmarn. Den 19 Kilometer breiten Fehmarnbelt zwischen der deutschen Seite und der dänischen Insel Lolland überquerte eine Fähre. Von dem dänischen Hafen Rødby aus ging es dann teilweise über eine Neubaustrecke nach Kopenhagen. Damit wurde endlich die Vogelfluglinie, für die es seit hundert Jahren Pläne gab, Realität.

1963

Die E 10^3 alias Bügelfaltenlok

1963

Die E 10 hatte als Einheitslokomotive für den Schnellzugverkehr neue Maßstäbe im Zugverkehr gesetzt. Sie hatte sich einen Namen durch ihre Bedienfreundlichkeit sowie die geringe Schadanfälligkeit und Wartungsintensität gemacht. An der E 10 fanden trotzdem Weiterentwicklungen statt. Lokomotiven, die zum Ziehen des Rheingold eingesetzt wurden, erhielten ab 1962 einen strömungsgünstigeren Lokkasten. Die Lokkasten mit der als „Bügelfalte" bekannten Front fanden ab 1964 bei allen neuen Loks der Baureihe Verwendung. Umgangssprachlich wurden die so ausgestatteten Maschinen deswegen auch als „Bügelfaltenloks" bezeichnet. Die Baureihe lautete nun E 10^3. Gemäß der 1968 eingeführten Baureihenbezeichnung zählten die Bügelfaltenloks ebenfalls zur Baureihe 110.

Der VT 18^{16} als TEE-Pendant der DDR

Eine östliche Antwort auf den westeuropäischen Trans Europ Express sollte der Zugbetrieb mit dem VT 18^{16} sein. Die Deutsche Reichsbahn nahm den Betrieb mit dem dieselhydraulischen Schnelltriebzug 1965 auf. Die Strecken führten über die Grenze nach Skandinavien, Österreich und in die Tschechoslowakei. Der Zug über Prag nach Wien wurde als „Vindobona" bekannt, weswegen dieser Name auch für den VT 18^{16} gebraucht wurde. Es waren jedoch vor allem Diplomaten, Skandinavier und West-Berliner, die den Express-Zug für Fahrten über die DDR-Grenzen hinaus benutzten. Der VT 18^{16} wurde von dem VEB Waggonbau Görlitz hergestellt. Zwei 662 Kilowatt (900 PS) starke Motoren ermöglichten eine Höchstgeschwindigkeit von bis zu 160 km/h. Bis 1968 wurden acht Triebzüge in Dienst gestellt.

1963

Lokomotiven, Wagen und Bahnanlagen aus 175 Jahren

V 90, die spätere Baureihe 290

Die V 90 war für den schweren Rangierdienst bei der Deutschen Bundesbahn konzipiert. Eine Vorserie von 20 Lokomotiven wurde 1964 ausgeliefert. Nach einigen Änderungen, unter anderem eine Erhöhung der Motorleistung und eine Verlängerung des Rahmens, begann die Serienproduktion bei den Unternehmen MaK, Jung, Henschel, Krupp und KHD. Bis 1974 wurden 408 Exemplare ausgeliefert. Ein 993 Kilowatt (1.350 PS) starker Dieselmotor sorgte für die verlangte Leistung. Die Höchstgeschwindigkeit von 80 km/h war für die Arbeiten ausreichend. 1968 ersetzte die Baureihennummer 290 die Bezeichnung V 90. Auch die Farben wechselten im Laufe der Zeit von Orientrot über Ozeanblau-Beige zum heutigen Verkehrsrot.

1965

Linienzugbeeinflussung im Test

Mit der Weiterentwicklung der Lokomotiven und dem Ausbau der Strecken wurden immer höhere Geschwindigkeiten der Züge möglich. Damit einhergehend mussten jedoch auch bessere Sicherheitsvorkehrungen getroffen werden. Normalerweise wurde von Hauptsignalen, die durch Vorsignale angekündigt wurden, dem Zugführer mitgeteilt, ob und mit welcher Geschwindigkeit ein Streckenabschnitt befahren werden durfte. Bei hohen Geschwindigkeiten reichte jedoch unter Umständen der Abstand zwischen Vor- und Hauptsignal nicht aus, um den Zug gegebenenfalls zum Halt zu bringen. Es musste deshalb eine Möglichkeit gefunden werden, um den Zugführer rechtzeitig vorzuwarnen. 1965 führte die Deutsche Bundesbahn auf der Strecke Augsburg–München eine elektronische Vorausschau über fünf Kilometer ein. Diese gemeinsam mit Siemens entwickelte Frühform der Linienzugbeeinflussung wurde anlässlich der Internationalen Verkehrsausstellung in München vorgestellt.

1965

Kleindieselloks des Typs Köf II letztmals gebaut

Es waren nicht nur die großen, Aufmerksamkeit heischenden Maschinen, die das Rückgrat des Bahnbetriebes bildeten; viele kleine Lokomotiven verrichteten ihre Arbeit abseits auf den Rangierbahnhöfen. Dazu gehörten die kleinen Lokomotiven vom Typ Köf II. Kleinlokomotiven wurden von der Deutschen Reichsbahn-Gesellschaft bereits seit 1932 erprobt und anschließend in Serie gebaut. Man teilte sie in zwei Leistungsklassen ein, wobei I für den Bereich bis 40 PS (29 kW) und II für eine Leistung von 51 bis 150 PS (110 kW) stand. Die meisten dieser Kleinlokomotiven wurden von Dieselmotoren angetrieben, wie diejenigen vom Typ Köf II. Die Typenbezeichnung bedeutete eine Kleinlokomotive mit Dieselölmotor und Flüssigkeitsgetriebe. Die Loks vom Typ Köf II wurden bis Mitte der sechziger Jahre gebaut.

1964

Spitzenmodell 103 für schnellen Fernverkehr

1961 erteilte die Deutsche Bundesbahn den Lokherstellern den Auftrag für die Entwicklung einer Elektrolokomotive für den Reiseschnellverkehr. Sie sollte eine Nettoleistung von 5.000 Kilowatt und eine Höchstgeschwindigkeit von 200 Stundenkilometern erbringen. 1965 wurden vier Vorserienexemplare der Baureihe E 03 von Henschel und Siemens-Schuckert rechtzeitig ausliefert, um auf der Internationalen Verkehrsausstellung in München vorgestellt werden zu können. Auf der Strecke Augsburg–München erreichten sie die Höchstgeschwindigkeit von 200 km/h. Anschließend fanden sie ein Einsatzfeld bei Fahrten mit TEE- und F-Zügen. Die serienmäßige Fertigung begann 1970. Zu dieser Zeit war die Baureihe bereits auf 103 umbenannt worden.

1965

Die „Europa-Lokomotive" E 410

Mit der E 320 konnten bereits Erfahrungen mit Mehrsystemloks gesammelt werden. 1964 erteilte die Deutsche Bundesbahn den Auftrag für eine Lokomotive, die mit dem Fahrstrom aus vier unterschiedlichen Systemen arbeiten konnte, nämlich dem deutschen und französischen Wechselstromsystem sowie dem französischen und belgischen Gleichstromsystem. Die Unternehmen Krupp, AEG und BBC arbeiteten mit Hochdruck an der Entwicklung dieser sogenannten „Europa-Lokomotiven" und schon im darauffolgenden Jahr konnten die fünf Exemplare der neuen Baureihe E 410 (später Baureihe 184) vorgestellt werden. Die bis zu einer Höchstgeschwindigkeit von 150 km/h schnellen Maschinen zeichneten sich durch vier Stromabnehmer aus, die je nach Bedarf verwendet werden konnten. Allerdings lief der Einsatz im belgischen Netz nicht ohne Probleme ab.

1965

Die V 100 – Mehrzwecklok mit Pep

Die V 100 der Deutschen Reichsbahn wurde entwickelt, um die Lücke im Bereich von 1.000 PS (736 kW) im Leistungsspektrum der Diesellokomotiven zu schließen. Ursprünglich hätte diese Aufgabe von einer Importlok erfüllt werden sollen. Als aber offensichtlich wurde, dass die Sowjetunion die erforderlichen Lokomotiven nicht liefern konnte, begann man sich in der DDR selbst an die Arbeit zu machen. Das erste Versuchsexemplar wurde 1966 von dem VEB Lokomotivbau Elektrotechnische Werke „Hans Beimler" in Hennigsdorf gebaut. Im folgenden Jahr begann die Serienfertigung. Die Varianten der V 100 mit 1.000 PS Leistung wurden bis 1978 hergestellt. Spätere Ausführungen bekamen stärkere Motoren.

1966

Die Taigatrommeln aus der Sowjetunion

Gemäß einem Abkommen mit dem Rat für gegenseitige Wirtschaftshilfe sollte die DDR große Diesellokomotiven aus der Sowjetunion beziehen. Dazu gehörte die in der ukrainischen Lokomotivenfabrik Luhansk hergestellte M62, die als Baureihe V 200 in den Fuhrpark der Deutschen Reichsbahn eingegliedert wurde. Von 1966 bis 1975 erhielt die Staatsbahn der DDR 378 Exemplare. Die Taigatrommeln, wie die Diesellokomotiven wegen ihrer intensiven Geräuschentwicklung genannt wurden, dienten vor allem als Zugmaschinen im Güterverkehr. Einige Exemplare wurden auch bei Werkbahnen eingesetzt. Die spätere Baureihenbezeichnung der Reichsbahn war 120. Nach der Gründung der Deutschen Bahn AG wurde die Baureihe in 220 umbenannt. Die letzten Taigatrommeln wurden 1995 ausgemustert.

1966

Das neue EDV-System der Bundesbahn

1961 bekam die Deutsche Bundesbahn in Frankfurt am Main ihre erste Großrechenanlage. Die Verwaltung von Triebfahrzeugen, Güter-, Reisezugwagen und andere Verwaltungsvorgänge sollte nun digital geschehen. Aber das Elektronikgehirn hatte seine Probleme mit der bisherigen Benennung der Baureihen und der Nummerierung der Fahrzeuge. Nicht alle Lok- und Triebwagenbezeichnungen waren gleich lang, manche bestanden nur aus Nummern, andere enthielten Buchstaben und Zusätze. Zum 1. Januar 1968 wurden deshalb EDV-gerechte Bezeichnungen eingeführt. Jede Baureihe bestand nun aus einer dreistelligen Zahl, wobei die erste Ziffer die Fahrzeuggattung wiedergab. Nach einer Leerstelle folgte die Nummer des jeweiligen Fahrzeugs innerhalb der Baureihe.

1968

Die Einheits-Lichtsignale werden vorgestellt

Von Beginn an waren Signale und Hinweiszeichen im Fahrbetrieb der Eisenbahnen unerlässlich. Behalf man sich anfangs noch mit Rufzeichen, Winkzeichen mit Fahnen und Tafeln, so wurde doch nach und nach eine Fülle von Signalformen und -arten erforderlich. Jedes Land und jede Bahn hat seine eigenen unterschiedlichen Signale. Sie werden benutzt, um dem Lokführer Informationen zu übermitteln. Dazu gehören, wie schnell er fahren darf, ob er fahren darf, ob das Fahrverbot aufgehoben ist und so weiter. Anfangs wurden verstellbare, mechanische Konstruktionen, sogenannte Formsignale, verwendet. Aber schon vor dem Zweiten Weltkrieg ermöglichte die Relais- und Lampentechnik die Verwendung von Lichtsignalen. Dabei konnte der Zugführer anhand der Farbe und Position der Lichter die Informationen ablesen. Die Lichtsignale ersetzten im Laufe der Zeit die Formsignale. Die Vereinheitlichung der Lichtsignale im Bereich der DB von 1969 sorgte für mehr Transparenz und erhöhte die Sicherheit. Die Abbildung unten erklärt einige der wichtigsten Signale.

1969

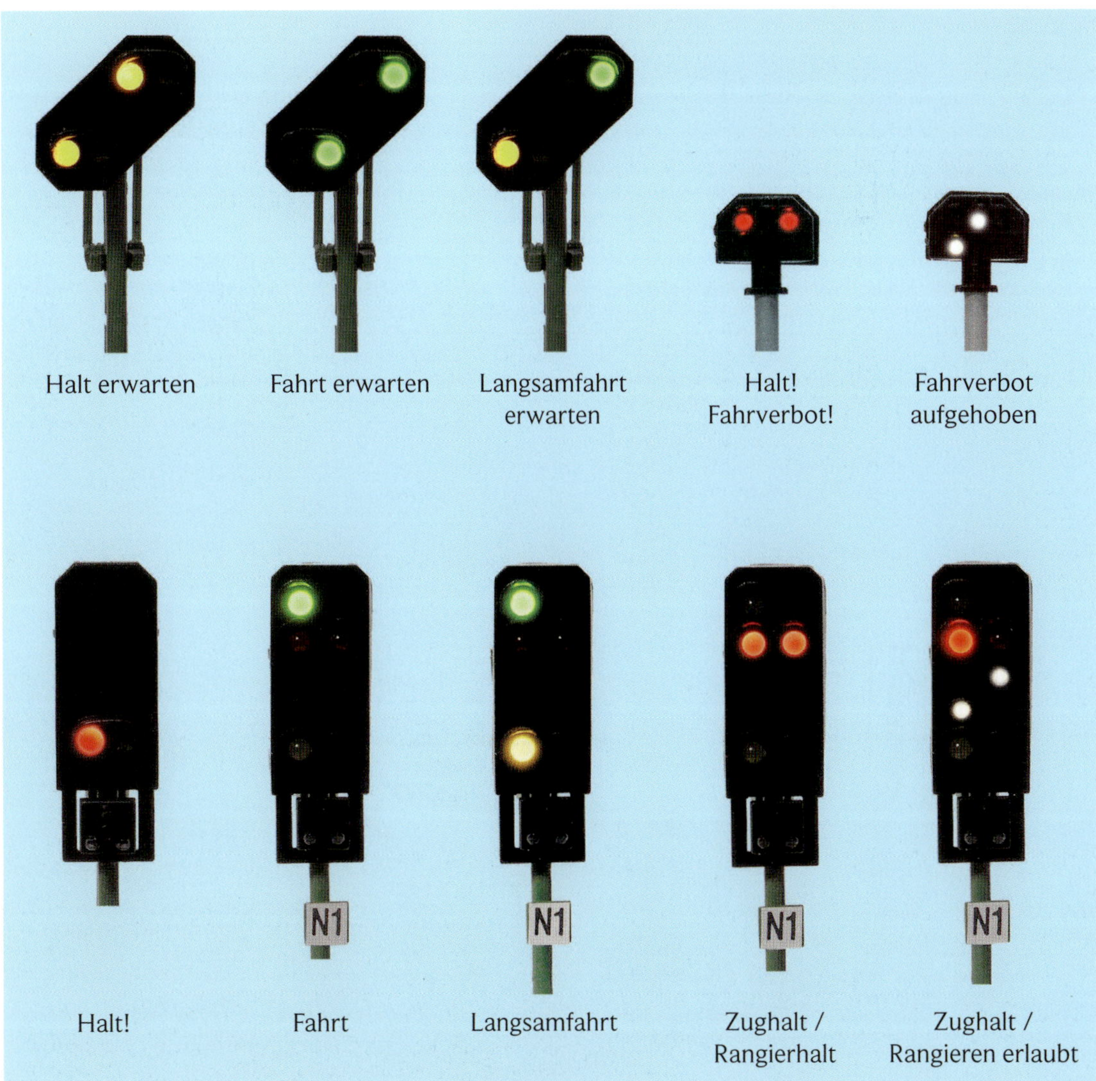

1971

Pioniere des dieselelektrischen Antriebs

1971 bauten die Unternehmen Henschel und BBC auf eigene Kosten eine Lokomotive mit einem dieselelektrischen Antrieb. Die Henschel-BBC-DE 2500 wurde unter der Bezeichnung 202 002 von der Bundesbahn übernommen. 1973 folgten zwei weitere Exemplare des Bautyps, die ebenfalls in die Baureihe 202 aufgenommen wurden. Beim dieselelektrischen Antrieb erfolgte der eigentliche Antrieb der Lok über Elektromotoren. Der Strom für die Motoren wurde jedoch von einem Dieselgenerator erzeugt. Dies war an sich kein revolutionäres Verfahren, denn diese Antriebsart hatte sich weltweit bei den meisten Diesellokomotiven durchgesetzt. Die Bundesbahn setzte jedoch auf das konkurrierende System, nämlich den dieselhydraulischen Antrieb. Dies war der Grund, warum die drei Lokomotiven von der DB an die Hersteller zurückgegeben wurden.

1970

Kalte und heiße Ludmillas aus dem Osten

Die Diesel-Großlokomotive V 300, die 1970 aus der Sowjetunion an die Deutsche Reichsbahn geliefert worden war, wäre eigentlich für den Dienst im schnellen Personenverkehr bestimmt gewesen. Sie hatte jedoch das Manko, keine Heizung für die Wagen zu besitzen. Genauso verhielt es sich mit den anderen 81 Exemplaren, die bis 1972 aus dem ukrainischen Werk kamen. Was ihnen blieb, war der Einsatz im Güterverkehr. Da 1970 die Umstellung auf EDV-taugliche Bezeichnungen erfolgte, wurden alle Exemplare zur Baureihe 130 gezählt, umgangssprachlich bekamen sie aber den Kosenamen „Ludmilla". 76 Lokomotiven vom gleichen Typ, die jedoch mit 100 km/h langsamer als die vorhergehenden Ludmillas waren, trafen 1972 ein. Sie erhielten die Baureihennummer 131. Die ersten Ludmillas mit der benötigten Heizung wurden erst 1973 geliefert. Diese 709 Loks kamen zur Baureihe 132.

Die Reichsbahn führt das EDV-System ein

1970 war man auch bei der Deutschen Reichsbahn soweit, die Baureihen- und Triebfahrzeugbenennung auf eine computergerechte Form umzustellen. Die Baureihen mit Verbrennungsmotoren erhielten eine dreistellige Nummer, deren erste Ziffer eine 1 war. Ebenfalls dreistellig waren die Baureihennummern für die Elektrolokomotiven. Zur Unterscheidung von den anderen Gattungen stand an erster Stelle eine 2. Die Triebwagenbaureihen erhielten an der ersten Stelle eine 7, wenn sie aus der DDR stammten, eine 8, wenn es sich um Trieb- und Mittelwagen aus älterer Produktion handelte und eine 9, wenn sie Steuer- und Beiwagen aus älterer Produktion bezeichneten. Bei den Dampflokomotiven war es etwas komplizierter. Die zweistellige Baureihenbezeichnung wurde beibehalten. Da die 1 und 2 nun jedoch für Baureihen mit Verbrennungs- beziehungsweise Elektromotoren reserviert waren, mussten die betroffenen Dampflok-Baureihen umbenannt werden.

1970

Die frühere Lok E11 wurde 1970 zur Baureihe 211

Bei den Dampflokomotiven wurden die bis 1970 gültigen Baureihennummern weitgehend unverändert und damit zweistellig beibehalten. Da jedoch als erste Kennziffern „1" für Diesel- und „2" für Elektrolokomotiven verwendet wurden, waren die mit 1 und 2 beginnenden Dampflokbaureihen 18, 19, 22, 23, 23.10 und 24 umzuzeichnen.

Ein Beispiel: 18 314, wäre EDV-gerecht 183 14.. und wurde somit umgezeichnet zu 02 0314-1.

Folgende Dampflokbaureihen wurden umgezeichnet:
- *Baureihe 18 zu Baureihe 02*
- *Baureihe 19 zu Baureihe 04*
- *Baureihe 22 zu Baureihe 39.10*
- *Baureihe 23 zu Baureihe 35.20*
- *Baureihe 23.10 zu Baureihe 35.10*
- *Baureihe 24 zu Baureihe 37.10*

Die der zweistelligen Baureihennummer nachfolgende Ordnungsnummer wurde generell vierstellig und deren erste Stelle möglichst dazu genutzt, um Bauartunterschiede zu kennzeichnen.

1971

Jungfernfahrt des Intercity

Mit der Einführung des Winterfahrplans begann am 26. September 1971 eine neue Ära der Fernreisezüge bei der Deutschen Bundesbahn. Auf zunächst vier Strecken verbanden die neuen Intercity-Züge insgesamt 33 Städte im Zweistundentakt. Damit gelang es der Bahn, das Angebot im Bereich der lukrativen Fernreisezüge erheblich zu verbessern. Die Reisegeschwindigkeit blieb vorerst auf höchstens 160 Stundenkilometer beschränkt. Eine höhere Geschwindigkeit hätte einen Streckenausbau verlangt, für den jedoch die Finanzmittel fehlten. Es waren vor allem Geschäftsreisende, die als Zielgruppe des Intercity-Verkehrs gesehen wurden, weswegen die Züge nur mit Erste-Klasse-Wagen ausgestattet wurden.

Die Bundesbahn führt den Zugfunk ein

Die Kommunikation zwischen den Betriebsstellen der Bahn wurde schon früh über das Telefon ermöglicht. Eine Verbindung zum fahrenden Zug herzustellen war jedoch nicht so einfach. Vor allem bei schnell fahrenden Zügen wurde es aus Sicherheitsgründen immer wichtiger, eine Kommunikation zum Zugführer zu ermöglichen. Ab 1971 wurde deshalb von der Bundesbahn im größeren Stil der Zugbahnfunk eingeführt. Auf wichtigen Strecken entstanden spezielle Funkzentralen als Gesprächspartner für die Züge. Neben einer erhöhten Sicherheit ermöglichte der Zugbahnfunk zudem eine elastischere Betriebsführung. Als Frequenzbereich wurden in Übereinstimmung mit internationalen Planungen 460 MHz festgelegt.

1971

1971

Baureihe 218

Mit der Baureihe 218 ging 1971 bei der Deutschen Bundesbahn eine vielseitige Diesellokomotive in Dienst. Sie verrichtete Arbeiten im Nah-, Schnellzug- und Güterverkehr. In technischer Hinsicht stellte sie eine Weiterentwicklung der V 160 und anderer darauf aufbauender Modelle dar. Die ersten zwölf Prototypen der 218 waren bereits 1968 ausgeliefert worden. Bis 1979 wurden 398 weitere Maschinen bei Krupp, Henschel, Krauss-Maffei und MaK hergestellt. Als Kraftquelle dienten im Laufe der Zeit verschiedene Motoren, weswegen es Ausführungen mit 1.839 kW (2.500 PS), 1.986 kW (2.700 PS) und 2.059 kW (2.800 PS) gab. Die 218 kann eine Höchstgeschwindigkeit von 140 km/h erreichen. Sie ist heute vor allem in Bayern und Schleswig-Holstein noch sehr aktiv.

252,9 km/h: Weltrekord durch 103 118

Die seit 1970 in Serie produzierte Elektrolokomotive 103 galt lange Zeit als das Flaggschiff der Deutschen Bundesbahn. Den Ruf des Schienenstars verdiente sie sich zu Recht als Zugmaschine für die Intercity-Züge. Ihre potenzielle Höchstgeschwindigkeit von 200 Stundenkilometern konnte sie jedoch im Routinedienst nicht unter Beweis stellen. Aber man traute ihr viel zu, weswegen ein Exemplar der Baureihe, die 103 118, mit einer speziellen Getriebeübersetzung versehen am 12. September 1973 auf einer Schnellfahr-Versuchsstrecke zwischen Gütersloh und Neubeckum zu Testzwecken eingesetzt wurde. Sie erreichte eine Geschwindigkeit von 252,9 km/h. Im Wettbewerb zwischen den Verkehrsmitteln war dies ein wichtiger Triumph für die Bahn.

1973

Donald Duck setzt sich auf Schienen

Drei Einheiten der Baureihen 403 und 404 wurden 1973 an die Deutsche Bundesbahn ausliefert und traten ihren Intercity-Dienst mit dem Winterfahrplan 1974/75 an. Die Baureihe 403 bezeichnete die Triebwagen, während die 404 für die Mittelwagen stand. Wegen ihrer Frontgestaltung, die an einen Schnabel erinnerte, erhielten die Triebwagen bald den Spitznamen „Donald Duck“. Was die Maschinen technisch auszeichnete, war die Neigetechnik, die allerdings nur eine Neigung von höchstens zwei Grad ermöglichte. Für manche Zugreisende war dies zu viel. Nach Klagen über Übelkeit wurde diese Technik im Regelbetrieb abgeschaltet. Nach ihrer Ausmusterung aus dem Intercity-Betrieb wurden die Triebwagen für verschiedene andere Aufgaben eingesetzt, zum Schluss als Lufthansa-Airport-Express in weiß-gelber Farbe.

1973

Rammschlag für Hochgeschwindigkeitsnetz

Mit dem symbolischen ersten Rammschlag am 10. August 1973 eröffnete der damalige Bundesverkehrsminister Lauritz Lauritzen den Bau der Hochgeschwindigkeitsstrecke Hannover–Würzburg. Dies war der Beginn eines ehrgeizigen Projektes, das schon lange in Planung war: die Schaffung eines Hochgeschwindigkeitsnetzes in Deutschland. Mit der 327 Kilometer langen Strecke von Hannover nach Würzburg wurde der Bau der ersten Fernverkehrsstrecke seit dem Zweiten Weltkrieg begonnen. Die neuen Hochgeschwindigkeitsstrecken sollten es den Lokomotiven ermöglichen, ihr Potenzial auszuschöpfen. Die 103 hatte auf der Strecke Augsburg–München 200 km/h erreicht. Die Neubaustrecken sollten eine Geschwindigkeit von bis zu 300 Stundenkilometern ermöglichen.

1973

Lokomotiven, Wagen und Bahnanlagen aus 175 Jahren

Die Baureihe 111

Als Nachfolgerin der Baureihe 110 (früher E 10) trat 1974 die Baureihe 111 ihren Dienst bei der Deutschen Bundesbahn an. Technisch basierte sie auf der Vorgängerreihe. Verbesserte Drehgestelle sorgten für eine höhere Laufruhe. Durch die Berücksichtigung von Erkenntnissen der Arbeitsergonomie im „integrierten Führerraum" wurde ein komfortablerer Arbeitsplatz für den Zugführer geschaffen. Bis 1984 wurden bei den Unternehmen Krauss-Maffei, Henschel und Krupp 227 Exemplare der 111 hergestellt. Für den elektrischen Teil waren Siemens, AEG und BBC zuständig. Die zulässige Höchstgeschwindigkeit der 111 lag anfangs bei 150 km/h, wurde aber 1980 auf 160 Stundenkilometer erhöht. Zum Einsatzfeld der 111 gehörten seitdem auch die Intercity-Züge.

1974

Gemeinsam für die Eurofima-Wagen

Eurofima ist eine europäische Organisation mit dem Ziel der Finanzierung und der Unterstützung bei der Beschaffung von rollendem Material in den Mitgliedsländern. Der Sitz der 1956 gegründeten Organisation, der sich 25 Länder angeschlossen haben, ist in Basel. Eine Kostenersparnis sollte der gemeinsame Wagen-Kauf der beteiligten Bahnen bringen. Zu diesem Zweck wurde bereits in den siebziger Jahren eine koordinierte Entwicklung von Reisezugwagen angestoßen. Es handelte sich dabei um Erste- und Zweite-Klasse-Wagen, die auch für den internationalen Verkehr geeignet waren. Die Eurofima-Wagen wurden von der Deutschen Bundesbahn vor allem bei EuroCity- und Intercity-Zügen verwendet.

1976

Das U-Boot taucht auf: Baureihe V 119

Für den Personenverkehr benötigte die Deutsche Reichsbahn zusätzliche Diesellokomotiven mit Elektroheizung. Nachdem sich herausstellte, dass die UdSSR solche Lokomotiven nicht liefern konnte, sah man sich nach Bezugsquellen um und glaubte sie mit der Lokomotivenfabrik „23. August" in Bukarest gefunden zu haben. Die Rumänen erklärten sich zur Lieferung bereit. Da aus der DDR die vorgesehenen Dieselmotoren jedoch nicht geliefert werden konnten, baute man in Lizenz gefertigte MTU-Motoren ein. Bis 1985 wurde 200 Exemplare an die Reichsbahn geliefert. Die reparaturanfälligen Maschinen erhielten die Spottbezeichnungen „Karpatenschreck" und „Ceaușescus Rache". Wohlwollender klang der Spitzname „U-Boot", den die 119er wegen der runden Maschinenraumfenster bekamen.

1977

Letzte Dampflok-Regelfahrt bei der DB

1977

Am Nachmittag des 26. Oktober 1977 fuhr die 043 903 nach Emden. Dies war die letzte Dienstfahrt einer Dampflokomotive bei der Deutschen Bundesbahn. Bereits am 10. und 11. September hatte die Bahn zum Abschiedsfest für die Dampfloks im Bahnbetriebswerk im westfälischen Rheine eingeladen. Noch einmal wurden die alten Dampfrösser herausgeputzt. 1953 waren noch etwa 10.000 Dampflokomotiven bei der Bundesbahn im Einsatz. Bis 1973 war der Bestand auf etwas über 800 geschrumpft. Schon kleine Mängel konnten zur Ausmusterung führen. Jedoch nicht alle Dampfloks wurden dem Schrotthändler übergeben. So manche Maschine gelangte in die Obhut von Eisenbahnfreunden und Museen, wo sie gepflegt werden und der Nachwelt erhalten bleiben.

Der Intercity wird zweiklassig

Mit dem Start des Intercity hatte die Deutsche Bundesbahn 1971 einen erfolgreichen Schritt im Wettbewerb mit den anderen Verkehrsmitteln unternommen. Die schnellen Verbindungen zwischen den großen deutschen Städten waren von der Zielgruppe, den Geschäftsreisenden, auch gut angenommen worden. Bereits 1974 hatte sich die Situation aber wieder geändert. Der Fernverkehr der Deutschen Bahn war in die Verlustzone gerutscht. Die Lösungsstrategie der Bahn war es, die Intercity-Züge einem breiteren Publikum zugänglich zu machen. Ab 1976 fuhren deswegen auf manchen Strecken neben der Erste- auch Zweite-Klasse-Wagen mit. 1979 erfolgte die generelle Einführung der zweiten Klasse im Intercity-Verkehr.

1979

Die Baureihe 120 verstärkt Elektrolokflotte

Auf die Baureihe 120 hatte man bei der Deutschen Bundesbahn schon mit Spannung gewartet. Die fünf Exemplare der Vorserie wurden 1979 und 1980 ausgeliefert. Es handelte sich um die ersten reinen Elektrolokomotiven der Bundesbahn mit einem Drehstrom-Asynchronmotor. Dieses Aggregat hatte gegenüber den bisher verwendeten Einphasenreihenschlussmotoren ein geringeres Gewicht, kompaktere Maße und einen verminderten Wartungsaufwand. Außerdem hielt es höheren Belastungen stand. In der Erprobungsphase konnte eine der Loks eine Höchstgeschwindigkeit von 265 km/h erreichen. Die Auslieferung der Serienlokomotiven erfolgte ab 1987. Beim Ziehen von Intercity-, InterRegio- und schnellen Güterzügen können sie seitdem ihre Leistungsfähigkeit unter Beweis stellen.

1979

Lokomotiven, Wagen und Bahnanlagen aus 175 Jahren

Eine zuverlässige Elektrolok der DDR

1982

Mitte der siebziger Jahre begann die Reichsbahn der DDR wegen der steigenden Treibstoffpreise mehr Gewicht auf die elektrische Traktion zu legen und die Streckenelektrifizierung zu forcieren. Als Zugmaschine wurde vom VEB Lokomotivbau Elektrotechnische Werke „Hans Beimler" in Hennigsdorf die Elektrolok 212 entwickelt. Ein Prototyp wurde 1982 ausgeliefert. Nach der Ausstattung mit einer anderen Getriebeübersetzung wurde die Bezeichnung in 243 001 geändert. 1984 ging die darauf basierende Baureihe 243 in Serienfertigung. Bis 1991 wurden 646 Exemplare der Allzwecklok hergestellt. Die Höchstgeschwindigkeit lag bei 120 km/h. Nach der Gründung der Deutschen Bahn AG wurde die Baureihe 243 mit übernommen, aber wegen der anderen Nummerierung in Baureihe 143 umbenannt.

Henschel-BBC 202 003

Die dieselelektrische Lokomotive vom Typ Henschel-BBC-DE 2500 war schon 1973 gebaut und als 202 003 bei der Bundesbahn getestet worden. Zum planmäßigen Dienst wurde die 202 003 bei der Bundesbahn zwar zugelassen, aber 1982 erhielt sie mit dem Umbau zu einem Versuchsfahrzeug eine neue Aufgabe. Das Ziel war es, mit ihr Hochgeschwindigkeits-Drehgestelle mit umkoppelbarer Antriebsmasse („UmAn") zu testen. Bei der umkoppelbaren Antriebsmasse bildeten der Drehstrommotor und das Getriebe eine bauliche Einheit, die pendelnd am Lokkasten befestigt ist. Äußerlich fiel sie sofort durch den stromlinienförmigen Vorbau auf. Heute befindet sich die 202 003 im Deutschen Technikmuseum Berlin.

1982

Der InterCityExperimental

Das Bedürfnis, die Reisezeiten weiter zu verkürzen, führte zur Entwicklung immer schnellerer Züge. Am 26. November 1985 wurde der Öffentlichkeit ein neuer Triebwagen vorgestellt, der noch am selben Tag auf der Strecke Gütersloh – Hamm eine Höchstgeschwindigkeit von 317 km/h erreichte. Dies war ein neuer Rekord für ein Schienenfahrzeug in Deutschland. Der Zug wurde InterCityExperimental (ICE), ICExperimental oder auch ICE V (V = Versuch) genannt. Angetrieben wurde der Triebkopf von einer Drehstrommotortechnik, die aus der Entwicklung der Baureihe 120 hervorging. Einen weiteren Rekord erzielte der InterCityExperimental am 17. November 1986 auf einer speziellen Fahrt für Journalisten mit einer Geschwindigkeit von 345 km/h.

1985

Triebwagenbaureihe 628 der Bundesbahn

Die schnellen und leistungsstarken Triebfahrzeuge der Bundesbahn sorgten zwar für Schlagzeilen, ein großer Teil der Arbeit wurde jedoch auch von kleineren, weniger spektakulären Fahrzeugen, wie der Baureihe 628, erledigt. Die zweiteiligen Dieseltriebwagen wurden schon in den siebziger Jahren entwickelt und erprobt. Sie sollten die Schienenbusse ersetzen und sowohl auf den Neben- als auch auf untergeordneten Hauptstrecken einsetzbar sein. Bis sie endlich in Serienproduktion gingen, sollte jedoch noch einige Zeit verstreichen. Erst von 1986 bis 1989 wurde eine größere Serie von 150 Stück hergestellt. Eine zweite große Serie mit 309 Exemplaren wurde von 1992 bis 1996 gefertigt.

1986

Der EuroCity ersetzt den TEE

Mit dem Start des TEE hatten die europäischen Bahnen einen wichtigen Schritt im grenzüberschreitenden Verkehr unternommen. Aber in den achtziger Jahren mussten die Bahnen immer größere Anteile am internationalen Reisemarkt an die Fluggesellschaften abtreten. 1986 hatten sich deshalb in Augsburg die Vertreter von 14 Bahngesellschaften getroffen, um eine moderne Zuggattung als Nachfolger des TEE ins Leben zu rufen. Mit der Einführung des Sommerfahrplans 1987 gingen dann die neuen EuroCity-Züge an den Start. Im Gegensatz zum TEE boten sie neben der ersten auch eine zweite Klasse. Die Geschwindigkeit war gegenüber den Vorgängern gesteigert und das rollende Material modernisiert worden. Der EuroCity ermöglichte ein bequemes Reisen von Oslo bis Rom und von Wien bis Madrid.

1987

Das Erfolgsmodell InterRegio

Die Deutsche Bundesbahn hatte bei der Verbesserung des Fernverkehrs viel erreicht. Nun ging es darum, das Angebot für das Segment, das zwischen dem Fern- und dem Nahverkehr lag, zu modernisieren. Zu diesem Zweck sollten die neuen InterRegio-Linien die D-Züge schrittweise ersetzen. Das InterRegio-Konzept lehnte sich an die Intercity-Züge an. Dazu gehörten miteinander vertaktete Züge und moderne Waggons. Die ersten IR-Züge begannen im September 1988 unter dem Slogan „Züge zum Wohlfühlen" im Zweistundentakt zu laufen. Das InterRegio-Modell erwies sich sofort als Erfolg. Einige Linien wurden deshalb bis in die Nachbarländer verlängert. Auch hinsichtlich der steigenden Erlöse konnte sich die Bundesbahn freuen.

1988

Letzte Planfahrt einer Dampflok in der DDR

Wäre es nach den Plänen der DDR-Führung gegangen, dann hätten Diesel- und Elektroloks die Dampftraktion schon längst abgelöst. Aber wirtschaftliche Schwierigkeiten und die Ölkrise sorgten dafür, dass die Dampflokomotiven doch länger als geplant auf den Schienen blieben. Der Einsatz von Dampflokomotiven auf Normalspur endete erst am 29. Oktober 1988 mit der Fahrt einer Lok der Baureihe 50^{35}. Es handelte sich um die offizielle Abschiedsfahrt der 50 3559, die von Halberstadt über Magdeburg nach Thale und zurück nach Halberstadt führte. Trotzdem hatte die Dampftraktion in der DDR noch nicht ganz ausgedient. Auf Schmalspur- und Werksbahnen verrichteten weiter, teilweise bis heute, rauchende Loks ihre Dienste.

1988

Murnau: Das erste elektronische Stellwerk

Die Computertechnik hielt nach und nach Einzug in die verschiedenen Bereiche des Bahnbetriebs. Am 13. Dezember 1985 ging in dem bayerischen Markt Murnau das von Siemens entwickelte erste elektronische Stellwerk in Betrieb. Das Datum war von symbolischer Bedeutung, da 150 Jahre vorher die Geschichte der Eisenbahn in Deutschland begonnen hatte. Zu den Vorteilen der neuen Stellwerkstechnologie gehörten der geringere Raumbedarf und die einfachere Möglichkeit der Störungsbeseitigung. Die Elemente der äußeren Anlage konnten auf einem Monitor dargestellt und über eine Tastatur oder eine Maus bedient werden. Nach einer Erprobungsphase begann der eigentliche Regelbetrieb am 29. November 1988.

1988

EHREN-Urkunde

Nr. 406

1835-1985 150 JAHRE DEUTSCHE EISENBAHNEN

WELTREKORD

Heinz Kurz

Dezernent 105 des BZA Munchen

erreichte während einer Versuchsfahrt

mit dem

I C E

auf der Neubaustrecke

Würzburg-Fulda

die Geschwindigkeit von 406 km/h

Dies wird bestätigt

01.05.1988

ICE stellt einen Weltrekord auf: 406,9 km/h

Der InterCityExperimental hatte durch seine Geschwindigkeitsrekorde von sich reden gemacht. Aber im praktischen Einsatz von Hochgeschwindigkeitszügen waren andere Länder ein Stück voraus. Das Hochgeschwindigkeitszeitalter hatte in Japan mit dem Shinkansen begonnen. Vor allem Frankreich machte aber durch den TGV von sich reden. Auf der Strecke Paris–Lyon konnten schon 1981 bis zu 260 Kilometer in der Stunde erzielt werden. Aber auch in Deutschland wurden Neubaustrecken für den Einsatz schnellerer Züge gebaut. Bei einer Testfahrt auf der Neubaustrecke zwischen Würzburg und Fulda erzielte der InterCityExperimental am 1. Mai 1988 einen erneuten Weltrekord. Die Höchstgeschwindigkeit betrug diesmal 406,9 km/h.

1988

Lokomotiven, Wagen und Bahnanlagen aus 175 Jahren

Eisenbahn von der Wiedervereinigung bis heute

Die neunziger Jahre waren eines der bedeutendsten Jahrzehnte in der Geschichte der deutschen Eisenbahn – in organisatorischer, technischer und wirtschaftlicher Hinsicht. Die Wiedervereinigung der beiden deutschen Staaten führte dazu, dass sich auch die beiden Eisenbahngesellschaften, die Bundesbahn und die Reichsbahn, als Sondervermögen unter dem Dach der Bundesregierung befanden. Mit der Gründung der Deutschen Bahn AG, als Nachfolgerin der beiden Bahnen, begann aber auch eine Reform der Bahn selbst, die den schwierigen Wandel von einer behördenartigen Organisation zu einem marktwirtschaftlich arbeitenden Unternehmen schaffen sollte. In technischer Hinsicht ragt eine Entwicklung heraus: In den neunziger Jahren brach das Zeitalter der Hochgeschwindigkeitszüge an. Sowohl die Bahnreform als auch der technische Fortschritt waren zwei wichtige Faktoren, die es der Eisenbahn in Deutschland ermöglichten, im Wettbewerb mit den anderen Verkehrsmitteln zu bestehen und zukunftsfähig zu bleiben.

Der ICE 1

Nach den erfolgreichen Fahrten des InterCityExperimental und der Auswertung der dabei gewonnenen Erfahrungen vergab die Deutsche Bahn 1988 den Auftrag zur Serienfertigung von Triebköpfen. An der Produktion waren unter anderem die Unternehmen Krauss-Maffei, Krupp, Thyssen-Henschel und Siemens beteiligt. Die Auslieferung der ersten Exemplare erfolgte am 26. September 1989. Die Triebköpfe zählten zur Baureihe 401. In der Folgezeit fanden noch einmal Tests statt, denn die Mittelwagen wurden erst im Juli 1990 geliefert. Im Ausbesserungswerk Nürnberg wurden die Triebköpfe und Mittelwagen zu Zügen formiert. Der ICE der ersten Generation war entstanden, wobei die Abkürzung nicht mehr für InterCityExperimental, sondern für InterCityExpress stand.

1989

Der erste ICE im Planverkehr

Am 2. Juni 1991 war es soweit. Die Hochgeschwindigkeitsära begann mit der Eröffnung der ersten ICE-Strecke, die von Hamburg über Hannover, Fulda, Frankfurt am Main, Stuttgart und Augsburg nach München führte. Anders als beim TEE und Intercity war von Anfang an die zweite Klasse mit eingeplant. Jeder Zug bestand aus zwei Triebköpfen der Baureihe 401 und bis zu 14 Mittelwagen der Baureihen 801 (1. Klasse), 802 (2. Klasse), 803 (Servicewagen) und 804 (Speisewagen). Trotz einiger Pannen, wie Triebkopfschäden, kleinerer Defekte, wie verstopfte Toiletten, und Brummgeräuschen bei Geschwindigkeiten über 200 km/h gewann der ICE schnell an Beliebtheit bei den Kunden. Einige Negativschlagzeilen konnten nicht verhindern, dass die Bahn wieder als ein Verkehrsmittel der Zukunft gesehen wurde.

1991

Lokomotiven, Wagen und Bahnanlagen aus 175 Jahren

Baureihe 101: Der Allrounder

Anfang der neunziger Jahre wurde offensichtlich, dass die im schnellen Reisezugverkehr eingesetzte Baureihe 103 eine Nachfolgerin benötigte. Den Auftrag für den Bau einer leistungsstarken, schnellen Elektrolok bekam das Unternehmen ABB Daimler Benz Transportation (Adtranz). Der Baubeginn erfolgte 1996. Im folgenden Jahr begann die Auslieferung der ersten Exemplare der schließlich 145 Lokomotiven umfassenden Baureihe 101. Die Dauerleistung der mit Drehstromantriebstechnik ausgestatteten Lok liegt bei 6.400 Kilowatt. Sie kann vor allem beim Ziehen von InterCity- und EuroCity-Zügen gesehen werden, ist sich aber auch für Einsätze als Güterzuglok nicht zu schade. Die zugelassene Höchstgeschwindigkeit beträgt 220 Stundenkilometer.

1996

Die Baureihe 152

Mitte der neunziger Jahre zeigte sich, dass im Güterverkehr ebenfalls eine neue Lok nötig war, um die Baureihen 150 und 151 zu ersetzen. 1995 gab die Deutsche Bahn AG deshalb bei Krauss-Maffei und Siemens die Güterzuglokomotive der Baureihe 152 in Auftrag. Das erste Exemplar wurde 1996 an die Deutsche Bahn zu Testzwecken übergeben. Die Serienfertigung der Lok, deren Modellbezeichnung Siemens ES64F lautete, begann 1998. Insgesamt wurden bis 2001 175 Lokomotiven ausgeliefert. Die Dauerleistung der 88 Tonnen wiegenden und 19,6 Meter langen Maschine liegt bei 6.400 Kilowatt. Sie ist für eine Höchstgeschwindigkeit von 140 km/h zugelassen. Die 152 machte sich durch ihre Leistungsstärke und Zuverlässigkeit einen Namen.

1996

Die Diesel-Triebwagenbaureihe 610

Während die Bahn im schnellen Reiseverkehr Triumphe feiern konnte, gingen Fahrgastzahlen in anderen Bereichen zurück. Vor allem in Nordbayern wollte man durch eine Erhöhung der Reisegeschwindigkeit auf den kurvenreichen, nicht elektrifizierten Strecken die Attraktivität der Bahn steigern. An ein Konsortium unter der Federführung von MAN ging deshalb der Auftrag für den Bau eines Triebwagens mit Neigetechnik. Die Auslieferung der 20 bestellten Maschinen erfolgte 1992. Zwei Elektromotoren mit jeweils 485 Kilowatt Leistung dienten als Kraftgeneratoren in den zweiteiligen Zügen. Die folgenden Jahre zeigten, dass sich das Konzept bestätigte. Durch die kürzeren Fahrzeiten und den höheren Komfort konnten viele Fahrgäste zurückgewonnen werden.

1992

Die TRAXX-Baureihe 145

Die Lokomotiven der Baureihe 145 wurden von 1997 bis 2001 bei Adtranz gebaut, wobei zehn Exemplare aus Hennigsdorf und 70 aus dem Werk in Kassel stammten. Der Öffentlichkeit wurden die neuen Modelle 1997 präsentiert, aber erst im folgenden Jahr erging die Zulassung durch das Eisenbahn-Bundesamt. Zum Haupteinsatzgebiet der 145 zählen der leichte und der mittlere Güterzugdienst. Die Dauerleistung der 18,9 Meter langen und 80 Tonnen wiegenden Elektrolok liegt bei 4.200 Kilowatt. Sie ist für eine Höchstgeschwindigkeit von 140 km/h zugelassen. Die 145 wird nicht nur von der Deutschen Bahn AG, sondern auch von mehreren privaten Bahngesellschaften in Deutschland und anderen Ländern eingesetzt.

1997

Ein doppelstöckiger Triebwagen

Der Doppelstocktriebwagen der Baureihe 670 wurde von der Deutschen Waggonbau AG in Dessau und Halle-Ammendorf hergestellt. Das Fahrzeug wurde nicht zu Unrecht als Doppelstockschienenbus bezeichnet, da bei der Konstruktion tatsächlich Elemente aus dem Omnibusbau verwendet wurden. Das erste Exemplar wurde zur Erprobung 1994 ausgeliefert. 1996 folgten sechs weitere Fahrzeuge. Der praktische Einsatz erfolgte im Personennahverkehr zunächst in Thüringen und Sachsen-Anhalt. Auftretende Störungen führten jedoch dazu, dass die Triebwagen wieder an den Hersteller, der inzwischen von Bombardier übernommen worden war, zurückgegeben wurden. Die Fahrzeuge wurden daraufhin an private Bahnen verkauft.

1996

Der ICE 2 geht an den Start

1996

Der ICE hatte sich als beliebtes Verkehrsmittel nicht nur bei den Fernreisenden, sondern auch bei den Pendlern, die täglich zwischen zwei Städten verkehren mussten, etabliert. Die technische Entwicklung ging aber weiter. Am 29. September 1996 ging mit dem Fahrplanwechsel die zweite Generation der ICE-Züge an den Start. Sie bestand aus den Triebköpfen der Baureihe 402 sowie aus den Mittelwagen der Baureihen 805, 806, 807 und dem Steuerwagen der Baureihe 808. Zu den Besonderheiten zählte, dass ein Vollzug aus zwei Halbzügen zusammengekuppelt werden konnte. Auf Strecken mit geringer Auslastung war es deshalb möglich, auch Halbzüge einzusetzen. Von 1995 bis 1997 wurden 44 Halbzüge hergestellt.

LINT 27 – Die Baureihe 640

*Die Abkürzung LINT steht für „**L**eichter **I**nnovativer **N**ahverkehrs**t**riebwagen“. Das Schienenfahrzeug wurde von Linke-Hofmann-Busch (seit 1998 Alstom LHB GmbH und seit 2009 ALSTOM Transport Deutschland GmbH) konstruiert und wird seit 1999 in den Werkshallen des Unternehmens gebaut. Die einteiligen Triebwagen wurden von der Deutschen Bahn als Baureihe 640 für den Nahverkehr übernommen. Aber auch bei Privatbahnen kommen die LINT-Fahrzeuge zum Einsatz. Der LINT 27 bietet mit einer Länge von 27,26 Metern über 70 Personen Sitzplätze. Die Leistung des Dieselmotors beträgt 315 Kilowatt. Eine Höchstgeschwindigkeit von 120 Stundenkilometern ist möglich. Das Fahrzeug ist außerdem in einer längeren Ausführung als LINT 41 verfügbar.*

1999

Siemens Desiro Classic – Die Baureihe 642

Von Siemens wurde der Desiro Classic entwickelt und seit 1999 in Serie gebaut. Der mit zwei 275 Kilowatt starken Dieselmotoren ausgestattete Triebzug wird von der Deutschen Bahn AG als Baureihe 642 eingesetzt. Zahlreiche Exemplare verrichten ihren Dienst jedoch auch bei Privatbahnen sowie bei den Bahnen anderer Länder, wie Rumänien, Bulgarien, Griechenland, Dänemark, Ungarn und sogar den USA. Der Desiro Classic ist für eine Höchstgeschwindigkeit von 120 km/h zugelassen. Als Antrieb stehen zwei Dieselmotoren mit jeweils 275 Kilowatt Leistung zur Verfügung. Die Triebzüge können jedoch auch mit stärkeren Dieselaggregaten ausgerüstet werden. Bei der Baureihe 642 verfügt die 1. Klasse über zwölf und die 2. Klasse über 98 Sitze.

1999

Die Katastrophe: Eschede am 3. Juni 1998

Am 3. Juni 1998 entgleiste der ICE „Wilhelm Conrad Röntgen“ bei der Ortschaft Eschede und raste mit einer Geschwindigkeit von 198 Stundenkilometern gegen eine Brücke, die er zum Einsturz brachte. Bei dem Unglück kamen 101 Menschen ums Leben. Mindestens 88 Personen wurden teilweise schwer verletzt. Ausgelöst wurde das tragische Geschehen von einem abgerissenen Radreifen, aber mehrere andere Umstände trugen zur Schwere des Unglücks bei. Dazu gehörte der Umstand, dass niemand die Notbremse zog, obwohl ein Teil des Radreifens den Fußboden des Fahrgastraums durchbohrt hatte. Beim Überfahren von Weichen vor dem Bahnhof Eschede kam es schließlich zu weiteren Schäden und zum Entgleisen mehrerer Wagen.

1998

Lokomotiven, Wagen und Bahnanlagen aus 175 Jahren

Stadler Regio-Shuttle RS1 – Die Baureihe 650

Der Dieseltriebwagen RS1 wurde seit 1996 von Adtranz in Berlin hergestellt. Die Übernahme des Werks und des Triebwagenmodells durch das Schweizer Unternehmen Stadler Rail AG erfolgte 2001 aus kartellrechlichen Gründen. Von der Deutschen Bahn AG wird der Regio-Shuttle seit 1999 im Nahverkehr eingesetzt. Auch zahlreiche andere regionale Bahnen, wie die Bodensee-Oberschwaben-Bahn oder die Württembergische Eisenbahngesellschaft, haben den Dieseltriebwagen in ihren Fuhrpark aufgenommen. Die beiden jeweils 257 Kilowatt leistenden Motoren können mit Diesel oder Rapsöl betrieben werden. Die Höchstgeschwindigkeit liegt bei 120 km/h. Zu den auffallenden Merkmalen des RS1 gehören die trapezförmigen Fensterbänder.

1999

Der Taurus bei der Deutschen Bahn

Die Siemens Transportation Systems entwickelte die Elektrolokomotive ES64U2 als Ersatz für die in die Jahre gekommenen Zugmaschinen der Österreichischen Bundesbahnen. Die Serienproduktion der Universallok begann 2000. Es gab Ausführungen für den Einsystem- und den Zweisystembetrieb. Die Drehstromantriebstechnik bot eine Dauerleistung von 6.400 Kilowatt. Damit eignete sich die Lok für den schweren Güterverkehr. Durch Leichtbaumaßnahmen konnte das Gewicht auf 86 Tonnen beschränkt werden. Einige der Lokomotiven, die in Österreich den Namen „Taurus“ bekommen hatten, wurden von der Deutschen-Bahn-Tocher Railion (heute DB Schenker Rail) als Baureihe 182 übernommen. Die zugelassene Höchstgeschwindigkeit des Taurus liegt bei 230 km/h.

2000

Bombardier Talent – Die Baureihe 643

1999

*Die in Aachen ansässige Waggonfabrik Talbot (heute zu Bombardier gehörend) entwickelte den Talent in den neunziger Jahren für den Einsatz im Nahverkehr. Das Akronym „Talent“ steht für „**Ta**lbot **le**ichter **N**iederflur-**T**riebwagen“. 1999 übernahm die Deutsche Bahn AG den Talent als Baureihe 643 für ihre Nahverkehrsflotte auf normalspurigen Strecken. Die Mittelwagen wurden zur Baureihe 943 gezählt. Angetrieben werden die Triebwagen von zwei Dieselmotoren mit einer gemeinsamen Stundenleistung von 630 Kilowatt. Die Kraftübertragung erfolgt mechanisch. Neben der Ausstattung für die Baureihe 643 ist der Talent auch mit dieselelektrischer Kraftübertragung und als Elektrotriebzug verfügbar.*

Lokomotiven, Wagen und Bahnanlagen aus 175 Jahren

Der ICE 3

2000

Zur Eröffnung der EXPO 2000 in Hannover kam die dritte ICE-Generation zum fahrplanmäßigen Einsatz. Äußerlich war der ICE 3 von den Vorgängern leicht durch die spitze Schnauze zu unterscheiden. Er setzte sich aus acht Wagen zusammen. Dabei handelte es sich um zwei angetriebene Endwagen, zwei angetriebene Mittelwagen, drei nicht angetriebene Mittelwagen sowie einen nicht angetriebenen Speisewagen. Die Höchstgeschwindigkeit konnte etwa 330 km/h betragen. Als Baureihe 403 war der ICE 3 für den Betrieb im deutschen Streckennetz konzipiert. In der Zweisystemausführung als Baureihe 406 kann der Zug auch in den Niederlanden und Belgien verkehren. Speziell für den grenzüberschreitenden Verkehr nach Frankreich ist die Baureihe 406F (ICE 3MF) ausgerüstet.

Der ICE TD – das Problemkind

Äußerlich sieht der ICE TD der Baureihe 605 der ICE-Züge der dritten Generation ähnlich. Was ihm fehlt, sind die Stromabnehmer, denn der ICE TD ist mit einem dieselelektrischen Antrieb ausgestattet. Zur Energiegewinnung sind Dieselmotoren mit Abgasturbolader und Ladeluftkühlung zuständig. Der Antrieb erfolgt durch Elektromotoren. Außerdem verfügt der Zug über eine Neigetechnik. Dadurch eignet sich der ICE TD (TD bedeutet Tilting Diesel) für den Einsatz auf Strecken, die nicht für den Schnellverkehr ausgebaut sind. Die offizielle Inbetriebnahme des dieselgetriebenen Neigezugs erfolgte 2001. Mehrere Mängel, wie zu schwache Bremsen, Ausfall der Neigetechnik und ein Achsbruch, führten schließlich dazu, dass die Züge vorerst wieder aus dem Verkehr gezogen wurden.

2001

Die Schnellfahrstrecke Frankfurt–Köln

2002

Ein weiterer Schritt im Ausbau des Hochgeschwindigkeitsnetzes wurde am 27. Juli 2002 mit der offiziellen Eröffnung der Schnellfahrstrecke Frankfurt–Köln unternommen. Der Bau war 1995 begonnen worden und hatte die Deutsche Bahn AG sechs Milliarden Euro gekostet. Die auf der Strecke mögliche Höchstgeschwindigkeit liegt bei ca. 300 Stundenkilometern. Die kürzeste Fahrzeit von Hauptbahnhof Köln bis zum Frankfurter Hauptbahnhof wird mit 62 Minuten angegeben. Damit halbierte sich die Fahrdauer zwischen den beiden Städten, weswegen die Eröffnung unter dem Motto „Die Bahn schenkt Ihnen eine Stunde" stand. Die zu fahrende Strecke hatte sich von 222 auf 177 Kilometer verkürzt. Im ersten Monat nutzten bereits 80.000 Fahrgäste das Angebot des schnellen Reisens.

Im Bild ein ICE 3 auf der Strecke von Frankfurt nach Köln während der Fahrt über die Lahnbrücke bei Limburg.

Lokomotiven, Wagen und Bahnanlagen aus 175 Jahren

Der neue Berliner Hauptbahnhof

2006

Durch die Teilung lag Berlin lange Zeit abseits der wichtigen europäischen Verkehrsrouten. Dies sollte sich mit der Wiedervereinigung ändern. Die Stadt an der Spree wurde zum Sitz der Dachgesellschaft der Deutschen Bahn AG und sie stieg mit dem neuen Hauptbahnhof zu einem der bedeutendsten Eisenbahndrehkreuze innerhalb Deutschlands auf. Die Grundsteinlegung fand am 9. September 1999 statt. Am 4. März 2006 fuhr zum ersten Mal ein ICE durch den Nord-Süd-Tunnel des Bahnhofs, allerdings noch zu Testzwecken. Die offizielle Eröffnung fand am 26. März unter Teilnahme vieler prominenter Gäste statt. Der größte Kreuzungsbahnhof Europas nahm seinen Betrieb auf.

Voith Maxima 40 CC

Die Maxima 40 CC ist eine Diesellokomotive, die eigenständig von der Voith Turbo Lokomotivtechnik in Kiel entwickelt wurde. Der Öffentlichkeit wurde die Maschine erstmals 2006 vorgestellt. Die Zulassung vom Eisenbahn-Bundesamt erhielt sie zwei Jahre später. Bei der Maxima 40 CC handelt es sich um eine sechsachsige Lokomotive mit einem dieselhydraulischen Antrieb. Die Dauerleistung des Motors liegt bei 3.600 Kilowatt. Damit ist sie die stärkste einmotorige Lokomotive ihrer Art. Sie kann eine Höchstgeschwindigkeit von 160 km/h erreichen. Mehrere Privatbahnen setzen die Maxima 40 CC für Gütertransporte ein. Schwestermodelle sind die sechsachsige Maxima 30 CC mit geringerer Leistung und die vierachsige Maxima 20 BB.

2006

Taurus knackt den Weltrekord

Für einen Eintrag in das Guinness-Buch der Weltrekorde qualifizierte sich am 2. September 2006 die Siemens-Lok ES64U4. Mit einer Geschwindigkeit von 357 km/h nahm sie der bisherigen Rekordhalterin, der französischen BB-9004, den Titel der Elektrolokomotive ab (die ICE- und TGV-Triebwagen zählen nicht dazu). Die Fahrt fand auf gerader Strecke zwischen Ingolstadt und Nürnberg statt, wobei auf eine spezielle Präparation der Strecke oder des Fahrzeugs verzichtet wurde. Bei der ES64U4 handelte es sich um die neueste Generation der Lokomotive, die von der ÖBB unter dem Namen „Taurus" geführt wird. Mit dem Rekord zeigten die Konstrukteure, dass die Lokomotivtechnik auch über 170 Jahre nach der ersten Fahrt des Adler noch zur fortschrittlichsten der Welt gehörte.

2006

ADLER

Museumsbahnen und Eisenbahnmuseen in Deutschland

Museumsbahnen und Eisenbahnmuseen in Deutschland

Inselbahn, Borkum

Groß sind die ostfriesischen Insel nicht, aber eine eigene Eisenbahn können manche unter ihnen trotzdem vorweisen. Dazu gehört die Insel Borkum, die eine 7,5 Kilometer lange, teilweise zweigleisig verlegte Strecke besitzt. Die Spurweite beträgt 900 Millimeter. In nur 20 Minuten bringt die Kleinbahn die Fahrgäste von der Reede, im Südosten der Insel, zum Inselbahnhof im Westen. Dazwischen kann man am Jakob-van-Dyken-Weg aussteigen. Neben den drei Haltestellen besitzt die Bahn einen kleinen Betriebshof.
Zum Fuhrpark der Borkumer Kleinbahn gehört eine Dampflokomotive namens „Borkum III“, die schon in den vierziger Jahren ihren Dienst unter dem Namen „Dollart“ angetreten hatte. Nach ihrer Ausmusterung 1962 rostete sie erst einmal vor sich hin, bis man sich 1996 entschloss, sie zu restaurieren und unter einem neuen Namen wieder für den planmäßigen Regelzugverkehr einzusetzen. Neben der Dampflok hält der Betreiber aber auch zwei Generationen von Diesellokomotiven vor. Die älteren heißen Leer II (Baujahr 1935), Emden II (Baujahr 1942) und Münster II (Baujahr 1957). Eine Erneuerung des Fuhrparks führte 1993 und 1994 zur Anschaffung der Diesellokomotiven Hannover, Berlin und Münster III. Das jüngste Mitglied unter den Zugmaschinen der Borkumer Kleinbahn ist die Diesellok Aurich, die von der Lokfabrik Schöna in Diepholz hergestellt und im April 2007 in Dienst gestellt wurde.
Neben den Lokomotiven ist bei der Borkumer Kleinbahn noch ein Triebwagen im Einsatz. Er kann eine ähnliche Geschichte wie die Dampflokomotive erzählen. Der Wismarer Schienenbus vom Typ „Hannover“ wurde erstmals 1940 in Dienst gestellt. 1976 erfolgten die Ausmusterung und der Verkauf an einen Verein, bei dem er jedoch ungenutzt zu verfallen drohte. Die Borkumer Kleinbahn entschloss sich deshalb zum Rückkauf und zur Ausbesserung der Schäden. 1998 begann der Schienenbus seine zweite Karriere auf der Insel Borkum.
Die Personenwagen wurden von Waggonbau Bautzen hergestellt und wurden äußerlich den alten Wagen der Bauart Weyer angeglichen.

Die reaktivierte Dampflok „Borkum III“ fährt auf der Insel Borkum am Wochenende.

Der Fahrplan

Dampftage:
Fahrten mit der Dampflokomotive: von März bis Dezember an Sonn- und Feiertagen. Im Juli und August auch an anderen Tagen.

Dampflok mit Nostalgiewagen:
von März bis Oktober samstags

Triebwagentage:
Mit dem Schienenbus führt die Fahrt vom Bahnhof aus durch das Naturschutzgebiet „Greune Stee“, am „Neuen Deich“ vorbei zum Fährhafen und zurück. Die Fahrdauer beträgt ungefähr eine Stunde.

Von März bis Dezember:
jeden Donnerstag

Anschrift:

AKTIEN-GESELLSCHAFT „EMS“
Postfach 11 54
26691 Emden-Außenhafen

Telefon: 0 18 05/ 18 01 82
Telefax: 0 49 21 / 89 07 40 5

E-Mail: info@ag-ems.de
Internet: www.ag-ems.de/205.0.html

Deutscher Eisenbahn-Verein, Bruchhausen-Vilsen–Asendorf

Aus dem Jahr 1917 stammt die Dampflokomotive „Spreewald".

Die Stilllegung der Strecke zwischen den niedersächsischen Orten Bruchhausen-Vilsen und Asendorf veranlasste 1964 vier Eisenbahnfreunde dazu, einen Verein mit dem Ziel des Erhalts der Strecke zu gründen. Bereits zwei Jahre später konnte der Deutsche Eisenbahn-Verein (DEV) die Strecke als das älteste Eisenbahn-Freilicht-Museum in Deutschland wieder eröffnen. Mit der Museumsbahn soll den Interessierten vermittelt werden, wie Kleinbahnen früher aussahen, welche Fahrzeuge darauf eingesetzt wurden, welche Techniken verwendet wurden und wie die Arbeitsbedingungen waren. Der Fuhrpark des Museums ist im Laufe der Zeit auf sechs Dampflokomotiven, sechs Triebwagen, vier Diesellokomotiven und über 79 Personen-, Güter- und Bahndienstwagen angewachsen.

Der Fahrplan

Die Regelzüge verkehren an folgende Tagen:
Sonnabends sowie an Sonn- und Feiertagen vom 1. Mai bis 3. Oktober

Sonderveranstaltungen:
Im Laufe des Jahres finden zahlreiche Sonderveranstaltungen statt. Die Termine können beim DEV erfragt werden.

Postanschrift:
Deutscher Eisenbahn-Verein e.V.
Postfach 11 06, 27300 Bruchhausen-Vilsen

Hausanschrift:
Deutscher Eisenbahn-Verein e.V.
Bahnhof 1, 27305 Bruchhausen-Vilsen

E-Mail: info@museumseisenbahn.de
Internet: www.museumseisenbahn.de

Der Moorexpress, Osterholz-Scharmbeck – Bremervörde

Die Strecke berührt den berühmten Künstlerort Worpswede.

Die Geschichte der Bahn in dem nördlich von Bremen gelegenen Teufelsmoor geht bis in das Jahr 1907 zurück, als die „Kleinbahn Bremervörde-Osterholz" (KBO) gegründet wurde, um das Gebiet an den Eisenbahnverkehr anzuschließen. Der Personenverkehr wurde 1978 eingestellt. Heute wird der „Moorexpress" von der „Eisenbahnen und Verkehrsbetriebe Elbe-Weser GmbH" (EVB) als touristische Attraktion betrieben. Man kann mit ihm von Bremen über Osterholz-Scharmbeck und Bremervörde bis nach Stade fahren. Dabei kommen drei Dieseltriebwagen zum Einsatz. Der älteste davon ist der VT 170, der 1935 von Linke-Hofmann-Busch in Breslau gebaut wurde. Die beiden anderen stammen von Talbot aus dem Jahr 1955 und MAN von 1962.

Der Fahrplan

Sommerfahrplan (1. Mai bis 1. November):
Der Moorexpress fährt samstags, sonntags und feiertags jeweils drei Mal von Bremen über Worpswede und Bremervörde nach Stade.

In der Wintersaison finden Sonderfahrten statt. Genauere Informationen können beim Betreiber erfragt werden:
www.moorexpress.net

Der Verein Bremervörde-Osterholzer Eisenbahnfreunde e.V. hat sich dem Moorexpress und der Förderung des Tourismus verschrieben. Informationen:
Telefon: 0 47 92 / 93 58 20
E-Mail: info@worpswede.de

Bremervörde-Osterholzer Eisenbahnfreunde e.V.
Richard-Oelze-Ring 2
27726 Worpswede

E-Mail: info@boefreun.de/ Internet: www.boefreun.de

Museums-Eisenbahn, Minden

Schon seit Ende des neunzehnten Jahrhunderts unterhielten die Mindener Kreisbahnen im Gebiet des heutigen westfälischen Kreises Minden-Lübbecke einen Eisenbahnverkehr. Doch seit den fünfziger Jahren verloren die Nebenstrecken durch das Aufkommen des Individual- und des Busverkehrs zunehmend an Marktanteilen und mussten stillgelegt werden. Um die Strecken und die historischen Eisenbahnfahrzeuge zu erhalten, formierte sich 1977 der Verein „Museums-Eisenbahn Minden e.V." (MEM). Als zentrales Thema hat der Verein die normalspurigen Klein- und Nebenbahnen der privaten Gesellschaften und der früheren Königlich Preußischen Eisenbahn-Verwaltung (KPEV). Eine der Attraktionen der Museums-Eisenbahn Minden ist der „Preußenzug". Wer wissen möchte, wie ein preußischer Nebenbahnzug der KPEV innen und außen ausgeschaut hat und welche Wagenfarben er hatte, kann das hier erfahren. Zum Fuhrpark zählen sieben Dampflokomotiven, die im Zeitraum von 1907 bis 1942 hergestellt wurden, sieben Diesellokomotiven von 1934 bis 1958 sowie zwei Triebwagen mit den Baujahren 1933 und 1953.

Der Fahrplan

Der historische „Preußenzug" fährt an bestimmten Sonn- und Feiertagen.
Die genaueren Termine können bei der Museums-Eisenbahn Minden erfragt werden.

Postanschrift:
Museums-Eisenbahn Minden e.V.
Postfach 90 31
32402 Minden

Hausanschrift:
Ringstr. 115
32427 Minden

E-Mail:
info@museumseisenbahn-minden.de

Internet: www.vereine.minden.de/mem/

Der „Preußenzug" gehört zu den großen Attraktionen der Museums-Eisenbahn Minden.

Die Brohltalbahn, Niederzissen

Mit Volldampf geht die Fahrt vom Rhein aus durchs Brohltal.

Die Brohltal-Eisenbahn-Gesellschaft wurde 1896 gegründet und betrieb eine Schmalspurbahn von Brohl am Rhein durch das Brohltal bis nach Kempenich in der Eifel. Transportiert wurde unter anderem Phonolith, ein vulkanisches Gestein, das bei der Glaserzeugung verwendet wird. Der Personenverkehr musste 1961 wegen mangelnder Rentabilität eingestellt werden. Seit 1977 fährt jedoch der „Vulkan-Express" auf der noch erhaltenen Strecke bis Engeln. Die Betreibergesellschaft wird dabei von der 1987 gegründeten „Interessengemeinschaft Brohltal-Schmalspureisenbahn" (IBS) unterstützt. Der Verein restaurierte einen Wagen und erwarb Dampflokomotiven für den Museumsbetrieb.

Der Fahrplan

Für Preisanfragen, Fahrradanmeldungen, Buchungen, Reservierungen für Gruppenreisen und Sonderzüge:
Verkehrsbüro Brohltal / Vulkan-Express
Kapellenstraße 12 (Rathaus)
56651 Niederzissen

Telefon: 0 26 36 / 8 03 03
Telefax: 0 26 36 / 8 01 46

Fahrplanansage: 0 26 36 / 8 05 00
E-Mail: buero@vulkan-express.de
Bürozeiten: Montag bis Freitag 8.00 Uhr – 13.00 Uhr

Interessengemeinschaft Brohltal-Schmalspureisenbahn e.V.
Geschäftsstelle
Kapellenstraße 12
56651 Niederzissen

E-Mail: ibs@vulkan-express.de
Internet: www.brohltalbahn.de

Die Selfkantbahn, Aachen/Schierwaldenrath

An Sonn- und Feiertagen fahren die Dampfloks der Selfkantbahn.

Die 5,5 Kilometer lange Selfkantbahn ist der Überrest der einst fast 38 Kilometer zählenden Geilenkirchener Kreisbahn. Seit 1900 hatte die Schmalspurbahn im Kreis Geilenkirchen, nahe der niederländischen Grenze, zur Erschließung des ländlichen Raums beigetragen. 1971 war die Konkurrenz auf den gut ausgebauten Straßen jedoch so mächtig geworden, dass die Stilllegung der Strecke drohte, hätte sich nicht die Interessengemeinschaft Historischer Schienenverkehr (IHS) zusammengefunden, um den Rest der Bahn für den Tourismus und die Kulturpflege zu erhalten. Heute fahren wieder Dampf- und Diesellokomotiven sowie Dieseltriebwagen durch die ländliche Gegend, die auch wegen ihrer Radwanderwege beliebt ist.

Der Fahrplan

Die Züge der Selfkantbahn fahren von Anfang April bis Ende September an allen Sonn- und Feiertagen. Außerdem gibt es Fahrten an Samstagen. Termine und Zeiten können von der IHS erfragt werden.

Interessengemeinschaft Historischer Schienenverkehr e.V. (IHS)
Postfach 10 07 02
52007 Aachen

Geschäftsstelle Aachen:
Telefon: 02 41 / 8 23 69
Telefax: 02 41 / 8 34 91

Bahnhof Schierwaldenrath:
Telefon: 0 24 54/ 66 99
Telefax: 0 24 54/ 72 45

E-Mail: info@selfkantbahn.de
Internet: www.selfkantbahn.de

Museumsbahnen und Eisenbahnmuseen in Deutschland

Mecklenburgische Bäderbahn „Molli", Bad Doberan

„Molli" heißt eine dampfgetriebene Schmalspurbahn, die den mecklenburgischen Ort Bad Doberan mit dem Ostseebad Kühlungsborn auf einer 15,4 Kilometer langen Strecke verbindet. Der Eisenbahnverkehr begann 1886 mit dem Bau einer Strecke zwischen Bad Doberan und dem etwa sechs Kilometer entfernten, am Meer gelegenen Heiligendamm. Die „Dampfstraßenbahn" wurde von der Doberan-Heiligendammer Eisenbahn betrieben. Nach der Übernahme durch das Großherzogtum Schwerin erfolgte 1910 die Verlängerung der Strecke bis zum Ostseebad Arendsee, dem heutigen Kühlungsborn. 1920 wurde die Bahn in die Deutsche Reichsbahn eingegliedert. Neben Personen wurden auf der Strecke nun auch Güter transportiert. In den fünfziger Jahren diente die Bahn auch zur Ausbildung junger Eisenbahner. Der Güterverkehr musste jedoch 1969 wegen mangelnder Rentabilität wieder eingestellt werden. 1974 erfolgte die Weisung des Ministers für Verkehrswesen der DDR zum Erhalt der Bahn und zum Ausbau als Touristenbahn. In den achtziger und den frühen neunziger Jahren kam es zu einer Modernisierung der Reisezugwagen und einer Gleiserneuerung. 1995 erfolgte die Gründung der „Mecklenburgischen Bäderbahn Molli GmbH & Co. KG" durch den Landkreis Bad Doberan, die Stadt Bad Doberan und das Seebad Kühlungsborn, mit dem Zweck der Übernahme der Schmalspurbahn, um den Molli vor der Stilllegung zu bewahren.

Ins Blickfeld des Weltgeschehens rückte der Molli, als er 2007 zum Transportmittel der Pressevertreter beim G8-Gipfel wurde. Zum Fuhrpark der Bäderbahn gehören drei Dampflokomotiven mit Baujahr 1932. Eine weitere Lok wurde 1951 gebaut. Bei der jüngsten Lokomotive handelt es sich um einen Nachbau. Sie wurde 2009 in Dienst gestellt. Zu den historischen Wagen gehören Exemplare, die 1991 erbaut wurden.

Eine wichtige Rolle spielte der Molli beim G8-Gipfel 2007.

In Bad Doberan fährt der Molli auf Gleisen, die im Straßenpflaster eingebettet sind.

Der Fahrplan

Der Molli fährt täglich auf der Strecke Bad Doberan–Kühlungsborn. Genauere Daten sind von der Betreibergesellschaft erhältlich.

Anschrift:

Mecklenburgische Bäderbahn Molli GmbH
Am Bahnhof
18209 Bad Doberan

Telefon: 03 82 03 / 41 50
Telefax: 03 82 03 / 41 51 2

E-Mail: info.hdm@molli-bahn.de
Internet: www.molli-bahn.de

Rügensche BäderBahn „Rasender Roland", Göhren, Rügen

Die Ostsee-Insel Rügen ist weithin durch ihre Kreidefelsen bekannt. Eine andere touristische Attraktion ist eine Kleinbahn namens „Rasender Roland".

Die Strecke wurde 1895 von der Rügenschen Kleinbahn-Aktiengesellschaft eröffnet. Dabei wurde der Streckenabschnitt, der heute noch befahren wird, in Betrieb genommen. Bis zur Jahrhundertwende wurde das Streckennetz erheblich erweitert. In den sechziger Jahren kam es jedoch, wie bei den meisten Kleinbahnen, zu Streckenstilllegungen. Die befahrene Strecke schrumpfte auf ein Viertel, nämlich 24,1 Kilometer, zusammen. In der DDR-Zeit wurde die Bahn verstaatlicht. Die Besitzverhältnisse gingen 1994 von der Deutschen Reichsbahn auf die Deutsche Bahn AG über und wurde an private Betreiber vergeben. Seit Anfang 2008 wird die Rügensche BäderBahn von der Eisenbahn-Bau- und Betriebsgesellschaft Preßnitztalbahn mbH aus Jöhstadt in Sachsen betrieben.

Der östliche Teil von Rügen ist das Revier des „Rasenden Roland". Die Strecke führt von dem Ort Lauterbach über Putbus nach Göhren, an der östlichen Spitze der Insel. Der dampfgetriebene Zug fährt jedoch, trotz des Namens, den er vom Volksmund bekommen hatte, nie schneller als 30 Stundenkilometer. Dies hat natürlich auch seine Vorteile, da die Bahn kaum von eiligen Pendlern, sondern hauptsächlich von Touristen benutzt wird. An reizvoller Landschaft, die man von dem Zug aus bewundern kann, mangelt es auf Rügen nicht.

Der Fahrplan

Der Zug fährt mehrmals täglich nach dem Winter-Fahrplan auf der Strecke Putbus – Binz–Sellin–Baabe–Göhren. Nach dem Sommer-Fahrplan wird auch Lauterbach angefahren.

Anschrift:

Eisenbahn-Bau- und Betriebsgesellschaft
Preßnitztalbahn mbH
Zweigniederlassung Rügensche BäderBahn –
„Rasender Roland"
Bahnhofstraße 1a
18586 Göhren

E-Mail: ruegen@pressnitztalbahn.com
Internet:
www.ruegensche-baederbahn.de

Der Rasende Roland gibt den Reisenden genügend Zeit, die Landschaft der Insel Rügen zu bewundern.

Museumsbahnen und Eisenbahnmuseen in Deutschland

Kuckucksbähnel, Neustadt

Als die Bahn 1909 eröffnet wurde, hieß sie noch Elmsteiner Talbahn.

Von Neustadt an der Weinstraße aus führt das Kuckucksbähnel über Lambrecht nach Elmstein. Den prägnanten Namen erhielt die Nebenbahn aufgrund der Kuckucke, die im Elmsteiner Tal oft zu hören sind und derentwegen auch die Bewohner von Elmstein manchmal „Kuckucke" genannt werden. Sie diente anfangs vor allem der Forstwirtschaft und in geringerem Maß auch dem Personenverkehr. Für beide Kundenkreise verlor die Bahn nach dem Zweiten Weltkrieg jedoch schnell an Bedeutung, was zur Stilllegung führte. Heute kümmern sich die Kuckucksbähnel-Betriebs-GmbH (KKB) und das Eisenbahnmuseum Neustadt an der Weinstraße um den Betrieb der Strecke als Museums-Bahn.

Der Fahrplan

Das Kuckucksbähnel fährt an einzelnen Sonn- und Feiertagen von April bis Oktober. Im Dezember gibt es Nikolausfahrten.

Anschrift:

Eisenbahnmusem Neustadt/Weinstraße
Postfach 100318
67403 Neustadt

Service Telefonnummer: 0 63 21 / 3 03 90
(Museum und Kuckucksbähnel)
Dienstag bis Freitag von 9.00–13.00 Uhr

E-Mail: info@eisenbahnmuseum-neustadt.de
Internet: www.eisenbahnmuseum-neustadt.de

Museumsbahn Losheim, Merzig (Saarland)

Über eine der größten Steigungen im südwestdeutschen Raum müssen es die Loks der Museumsbahn schaffen.

1901 wurde die Merzig-Büschfelder Eisenbahn gegründet, um die saarländische Kreisstadt Merzig an das deutsche Eisenbahnnetz anzuschließen. Seit dem 12. Juni 1982 kümmert sich der Museums-Eisenbahn-Club Losheim um den Betrieb einer 15 Kilometer langen Strecke mit Dampf- oder Diesellokomotiven. Die Fahrten beginnen in Losheim und führen über Bachem nach Merzig. Nach dem Umsetzen der Lok geht die Fahrt zurück nach Losheim und weiter über Niederlosheim zur Dellborner Mühle. Zum Einsatz kommen bei den Dieselloks zwei von Henschel mit Baujahr 1937 und 1948. Über drei Diesellokomotiven verfügt der Verein. Sie wurden 1950 und 1960 von Jung, Orenstein & Koppel sowie Gemeinder hergestellt.

Der Fahrplan

Fahrten finden in den Monaten April bis Dezember statt.

Anschrift:

Verkehrsverein Losheim am See
Telefon: 0 68 72 / 61 69

Museums-Eisenbahn-Club Losheim
Telefon: 0 68 72 / 81 58
Bürozeiten: Donnerstag 18.00–20.00 Uhr,
Samstag 14.00–18.00 Uhr
und an Fahrtagen ab 10.00 Uhr

E-Mail: info@museumsbahn-losheim.de
Internet: www.museumsbahn-losheim.de

Der „Hessencourrier", Kassel

Der Hessencourrier ist ein eingetragener Verein, dessen Mitglieder die älteste Museumsbahn Hessens auf die Beine gestellt haben. Die von der Museumsbahn befahrene 33,4 Kilometer lange Strecke führt von Kassel aus über drei Höhenzüge nach Naumburg. Im Volksmund wird die seit 1901 bestehende Trasse „Naumburger Bahn" genannt.
Der Vereinsname „Hessencourrier" wurde gewählt, weil der größte Teil des Fuhrparks ursprünglich auf hessischen Bahnstrecken eingesetzt worden war. Den Anfang machte ein Wagen, der von der Kleinbahn Kassel—Naumburg stammte, also sozusagen auf der „Hausstrecke" des Vereins gelaufen war. Die erste Dampflokomotive, die der Verein erwarb, war eine zweiachsige ölgefeuerte Maschine. Sie war 1952 von Henschel & Sohn in Kassel gebaut worden und leistete 350 PS. Die größte Lok ist 22,97 Meter lang und wiegt 130 Tonnen. Sie wurde 1944 gebaut und entstammte der Baureihe 52 der Deutschen Reichsbahn. Es hatte sich um eine der Lokomotiven gehandelt, die nach Kriegsende als Reparationsleistung in die Sowjetunion verfrachtet worden waren. Vereinsmitglieder hatten sie in Polen entdeckt und für den Einsatz auf der Naumburger Bahn importiert. Mittlerweile besitzt der Hessencourrier über 50 Triebfahrzeuge, Personen-, Güter- und Packwagen. Anhand des Bestandes kann die Entwicklung der Personenwagen von 1894 bis 1956 nachvollzogen werden.

Um Streckenstilllegungen zu verhindern, arbeitet der Verein mit Gebietskörperschaften zusammen. Zu diesem Zweck wurde 1992 gemeinsam mit dem Landkreis Kassel sowie den Städten und Ortschaften Naumburg, Baunatal, Bad Emstal und Schauenburg der Verein „Regionalmuseum Naumburger Kleinbahn" gegründet.

Der Fahrplan

Fahrten mit dem historischen Zug von Kassel-Wilhelmshöhe über Bad Emstal nach Naumburg finden an bestimmten Sonntagen in den Monaten April bis Dezember statt. Genauere Informationen können beim Hessencourrier erfragt werden.

Anschrift:

HESSENCOURRIER e.V.
Kaulenbergstraße 5
34131 Kassel

E-Mail: info@hessencourrier.de
Internet: www.hessencourrier.de

Die 52 4544 der ehemaligen Deutschen Reichsbahn bietet einen imposanten Anblick.

Museumsbahnen und Eisenbahnmuseen in Deutschland

Der „Wilde Robert" und die Döllnitzbahn, Mügeln

Die 99 561 der sächsischen Gattung IV K als Wilder Robert.

Seit 1994 kümmert sich der im sächsischen Mügeln ansässige Förderverein „Wilder Robert“ um die Restaurierung und Pflege historischer Fahrzeuge sowie die Instandhaltung von Bahnhofsanlagen an der Döllnitzbahn. Der Verein organisiert auch Dampf-Fahrtage auf der Strecke Oschatz–Mügeln. Eigentümer und Betreiber der Strecke ist die Döllnitzbahn GmbH, die 1993 die Schmalspurstrecke zwischen Oschatz, Mügeln und Kemmlitz übernahm. Das ursprüngliche Ziel war es, den Güterverkehr auf der Strecke zu erhalten. Heute zählt die Bahn zu den Touristenattraktionen in Mittelsachsen. Freunde von Dampflokomotiven können sich an einer Maschine der Baureihe $99^{51\text{-}60}$ mit Baujahr 1912 erfreuen. Aber auch Diesellokomotiven gehören zum Bestand der Döllnitzbahn.

Der Fahrplan

Neben den Traditionszügen und Sonderfahrten gibt es an Werktagen und sächsischen Feiertagen auch einen Regelbetrieb zwischen Glossen und Oschatz.

Anschrift:
Förderverein Wilder Robert e.V.
Bahnhofstraße 2a
04769 Mügeln

Telefon / Telefax: 03 43 62 / 3 75 41
E-Mail: Kontaktformular auf der Website
Internet: www.wilder-robert.de

Döllnitzbahn GmbH
Bahnhofstraße 6
04769 Mügeln
Telefon: 03 43 62 / 3 23 43 / Fax: 03 43 62 / 3 24 47

eMail: info@doellnitzbahn.de
Internet: www.doellnitzbahn.de

Der „Lößnitzdackel" Radebeul–Radeburg, Moritzburg

Der „Lößnitzdackel“ in der Karl-May-Stadt Radebeul.

Von Radebeul nach Radeburg, nordöstlich von Dresden, führt die Lößnitzgrundbahn, die auch „Lößnitzdackel“ und „Grundwurm“ genannt wird. Den Namen bekam die Bahn vom Lößnitzgrund, dem Sohletal des Lößnitzbaches, in dem die Strecke teilweise verläuft. Betrieben wird die Bahn heute von der „SDG Sächsische Dampfeisenbahngesellschaft mbH“. Der Verein „Tradionsbahn Radebeul“ hat sich seit 1974 der Traditionsbewahrung auf den Schienen der Lößnitzgrundbahn verschrieben und organisiert nostalgische dampfbetriebene Fahrten von Radebeul Ost über Moritzburg nach Radeburg. Der Verein hat unter Aufwendung zahlloser Arbeitsstunden alte Wagen restauriert und auch einige Dampflokomotiven erworben. Über einen separaten Fuhrpark verfügt die Betreibergesellschaft der Bahn.

Der Fahrplan

An Schultagen sind sechs Dampfzugspaare unterwegs. Zusätzlich dazu gibt es das Jahr über Veranstaltungen, bei denen mit dem Traditionszug gefahren werden kann.

Anschrift:
SDG Sächsische Dampfeisenbahngesellschaft mbH
Lößnitzgrundbahn
Am Bahnhof 1
01468 Moritzburg

Telefon: 03 52 07 / 89 29-0
Telefax: 03 52 07 / 89 29-1
E-Mail: loessnitzgrundbahn@sdg-bahn.de
Internet: www.loessnitzgrundbahn.de

Traditionsbahn Radebeul e. V.
Postfach 10 02 01 – 01436 Radebeul
Telefon: 0351 / 21 34 461 / Fax: 0351 / 21 34 464
E-Mail: verein@trr.de
Internet: www.traditionsbahn-radebeul.de

Die Preßnitztalbahn, Steinbach–Jöhstein

Sachsen war einst berühmt für seine Schmalspurbahnen. Heute sind es engagierte Eisenbahnfreunde, die ihre Freizeit nutzen, um das kulturelle Erbe zu erhalten. Ein Beispiel dafür ist die Preßnitztalbahn, die im Vogtland zwischen den Orten Steinbach und Jöhstein verkehrt. Die heutige, knapp acht Kilometer lange Strecke, ist der Überrest der ursprünglich über 24 Kilometer langen Bahn. Die Betriebsgebäude in Steinbach und Jöhstein wurden von der Interessengemeinschaft Preßnitztalbahn wieder liebevoll hergerichtet und modernisiert. Für den Betrieb der Museumsbahn verfügen die Eisenbahnfreunde über fünf Dampflokomotiven, von denen vier einsatzfähig sind, außerdem drei Diesellokomotiven, sechzehn Reisewagen, vierzehn Güterwagen und sieben Bahndienstfahrzeuge.

99 1568 mit dem Museumszug im Bahnhof Schmalzgrube.

Der Fahrplan

Die Museumsbahn verkehrt an den meisten Wochenenden, vor allem in der wärmeren Jahreszeit, sowie an Feiertagen. Außerdem gibt es während der Woche Charterfahrten, bei denen die Mitnahme von Einzelreisenden möglich ist.

Anschrift:

IG Preßnitztalbahn e.V.
Geschäftsstelle
Am Bahnhof 78
09477 Jöhstadt

Telefon: 03 73 43 / 80 80 0 oder 03 73 43 / 80 80 7
Telefax: 03 73 43 / 80 80 9

E-Mail: verein@pressnitztalbahn.de
Internet: www.pressnitztalbahn.de

Zittauer Schmalspurbahn Zittau–Jonsdorf–Oybin

Ganz im Osten Sachsens, in dem deutsch-tschechisch-polnischen Länderdreieck, fährt die Zittauer Schmalspurbahn. Die seit 1889 bestehende Strecke sollte in den neunziger Jahren stillgelegt werden. Wegen der großen Bedeutung für den Fremdenverkehr kam es 1994 zur Gründung der Sächsisch-Oberlausitzer Eisenbahngesellschaft (SOEG), die zwei Jahre später den Betrieb aufnahm. Die Strecke führt vom Hauptbahnhof Zittau nach Bertsdorf. Von dort aus kann man mit der Bahn entweder zum Kurort Jonsdorf oder zum Kurort Oybin fahren. Die größte Attraktion sind natürlich die Dampflokomotiven. Davon entstammen sechs der Baureihe 99^{73} und eine der Baureihe 99^{77}. Zusätzlich stehen noch eine Diesellokomotive und ein Triebwagen aus dem Jahr 1918 zur Verfügung.

VT 137 322 der Zittauer Schmalspurbahn in Kurort Jonsdorf.

Der Fahrplan

Die Züge verkehren von Montag bis Sonntag mehrmals täglich auf den Strecken Zittau–Jonsdorf, Zittau–Oybin und Jonsdorf–Qybin. Zusätzliche Fahrten gibt in der Hauptsaison an Samstagen und Sonntagen. Darüber hinaus finden mehrmals im Jahr Sonderfahrten statt.

Anschrift:

Sächsisch-Oberlausitzer Eisenbahngesellschaft mbH
Bahnhofstraße 41
02763 Zittau

Telefon Kundenbüro: 03 58 3 / 54 05 40

E-Mail: info@soeg-zittau.de
Internet: www.soeg-zittau.de

Die Rennsteigbahn, Schmiedefeld

Die Rennsteigbahn hat eine V 100 in ihren Reihen.

Als Rennsteigbahn ist die normalspurige Strecke von Ilmenau nach Schleusingen in Thüringen bekannt. Der Bahnhof Rennsteig, der ungefähr auf halber Strecke zwischen beiden Endhaltestellen liegt, ist mit einer Höhe von 747 Metern über Normalnull der höchstgelegene Halt der Strecke. Um ihn zu erreichen, muss der Zug auf einer Länge von 4,4 Kilometern einen Höhenunterschied von 157 Metern überwinden. Betreiberin der Bahnstrecke ist heute die Rennsteigbahn GmbH & Co. KG mit Sitz in Schmiedefeld am Rennsteig. In Zusammenarbeit mit den „Dampfbahnfreunden mittlerer Rennsteig" werden Nostalgiefahrten von Ilmenau bis nach Themar, westlich von Schleusingen, organisiert. Außerdem führt das Betreiberunternehmen ab und zu Gütertransporte durch.

Der Fahrplan

Nostalgiefahrten werden vor allem an Sonntagen, manchmal auch an Samstagen und Donnerstagen durchgeführt. Für manche Fahrten ist eine Reservierung nötig.
Die entsprechenden Termine können von den Dampfbahnfreunden mittlerer Rennsteig erfragt werden.

Anschrift:

Dampfbahnfreunde mittlerer Rennsteig e.V. (DmR)
Bahnhof Rennsteig
98711 Schmiedefeld

Servicebüro Rennsteigbahn: 0 36 77 / 46 40 42 6
Telefon: 03 67 82 / 70 66 6
Telefax: 03 67 82 / 70 66 0

E-Mail: Dampfbahnfreunde@rennsteigbahn.de
Internet: www.rennsteigbahn.de

Die Schwarzatalbahn Rottenbach–Katzhütte, Mellenbach-Glasbach

VT 772 140 und dahinter der VT 772 141 kurz vor Bechstedt.

Die Schwarzatalbahn führt auf einer 25 Kilometer langen Strecke von dem thüringischen Ort Rottenbach nach Katzhütte. Der Umstand, dass sie teilweise dem Fluss Schwarza folgt, gab der Bahn den Namen. Eine Besonderheit ist die Strecke nach Cursdorf, die an der Haltestelle Obstfelderschmiede abzweigt. Zuerst geht es mit der Oberweißbacher Bergbahn auf eine Höhe von 663 Metern über dem Meer bis nach Lichtenhain und dann auf einer elektrifizierten Flachstrecke weiter zum Endhaltepunkt. Die Schwarzatalbahn wird, anders als viele kleine Nebenstrecken, heute noch von der Deutschen Bahn betrieben. Ein Triebwagen der Baureihe 641 sorgt für ein schnelles und bequemes Reisen. Für Sonderfahrten stehen zwei Triebfahrzeuge der Baureihe 772 aus den sechziger Jahren, die „Ferkeltaxen", bereit.

Der Fahrplan

Die Schwarzatalbahn verkehrt im Stundentakt. Im Halbstundentakt verkehrt die Bergbahn.
Vor allem an Sonntagen und hin und wieder auch an anderen Tagen gibt es auf der Schwarzatalbahn Sonderfahrten mit den „Ferkeltaxen" und manchmal auch mit Dampflokomotiven.

Anschrift:

Oberweißbacher Berg- und Schwarzatalbahn (OBS)
An der Bergbahn 1
98746 Mellenbach-Glasbach

Telefon: 03 67 05 / 20 13 4
Telefax: 03 67 05 / 20 13 5

E-Mail: info-bergbahn@bahn.de
Internet: www.schwarzatalbahn.de

Der Harz ist dank seiner Naturschönheiten nach der Wiedervereinigung wieder ein beliebtes Ziel.

Die Harzquerbahn, Nordhausen–Wernigerode

Die meterspurige Harzquerbahn verbindet die thüringische Stadt Nordhausen am Südrand des Harzes mit dem nördlich des Harzes gelegenen sächsisch-anhaltinischen Wernigerode auf einer 60,5 Kilometer langen Strecke. Für den Bau verantwortlich war die Nordhausen-Wernigeroder Eisenbahngesellschaft (NWE), die 1896 gegründet wurde und im folgenden Jahr schon die ersten beiden Teilstücke in Betrieb nehmen konnte. 1899 wurde eine Bahn, die vom Haltepunkt Drei Annen Hohne auf den Gipfel des Brocken führte, fertiggestellt. Ab 1949 wurde der Betrieb der Harzquerbahn nach der Enteignung der Betreibergesellschaft von der Deutschen Reichsbahn weitergeführt. Der Zugverkehr auf den Brocken musste 1961 wegen der Nähe zur innerdeutschen Grenze beendet werden. Von Drei Annen Hohne bis zu dem nahe gelegenen Schierke konnte nur noch mit Passierschein gefahren werden. Dies änderte sich nach der Wiedervereinigung der beiden deutschen Staaten. Die neu gegründete Harzer Schmalspurbahnen GmbH (HSB) übernahm zum 1. Februar 1993 den Betrieb. Vor allem im Bereich Nordhausen wurden neue Haltepunkte errichtet und der Nahverkehr ausgebaut. Die Fahrt auf den Brocken ist seitdem wieder möglich. Sie ist heute eine touristischen Attraktion und lockt auch die meisten Fahrgäste an. Mit vielen landschaftlichen Reizen kann jedoch auch die Harzquerbahn aufwarten. Den Betrieb auf der Strecke haben teilweise die Dieselloks übernommen. Aber auch Dampflokomotiven, zum Teil aus den dreißiger Jahren, stehen für die Fahrt auf den Brocken und für Sonderfahrten zur Verfügung. Historische Fahrzeuge und den Dampfbetrieb zu erhalten hat sich die „Interessengemeinschaft Harzer Schmalspur- und Brockenbahn e.V." zum Ziel gesetzt.

T3-Triebwagen der ehemaligen Nordhausen-Wernigeroder Eisenbahngesellschaft.

Schmalspurdampflok 99 222 am Thumkuhlenkopf.

Der Fahrplan

Von Nordhausen aus fahren Züge nach Ilfeld, Eisfelder Talmühle, Benneckenstein, Drei Annen Hohne und auf den Brocken mehrmals täglich. Abhängig von der Uhrzeit und Fahrziel kommen eine Dampflok, ein Triebwagen oder eine Stadtbahn zum Einsatz. Von Wernigerode wird über Drei Annen Hohne auf den Brocken mehrmals täglich vor allem mit Dampfantrieb gefahren.

Anschrift:

Harzer Schmalspurbahnen GmbH
Friedrichstraße 151
38855 Wernigerode

E-Mai: info@hsb-wr.de
Internet: www.hsb-wr.de

Museumsbahnen und Eisenbahnmuseen in Deutschland

Die Fichtelbergbahn, Cranzahl–Oberwiesenthal

Auch auf der Fichtelbergbahn dampft es noch.

Südlich von Annaberg-Buchholz, im Naturpark Erzgebirge/Vogtland, befindet sich die Fichtelbergbahn, die Cranzahl mit dem Kurort Oberwiesenthal verbindet. Die offizielle Eröffnung der Strecke fand 1897 statt. Anfangs waren vor allem Gütertransporte, später auch Personenverkehr von Bedeutung. Der Güterverkehr wurde 1992 eingestellt. 1998 übernahm die BVO Bahn GmbH, aus der später die SDG Sächsische Dampfeisenbahngesellschaft mbH wurde, den Betrieb. Die Fichtelbergbahn ist heute vor allem für den Tourismus wichtig. Zu den eingesetzten Zugmaschinen gehören Dampflokomotiven der Baureihe 99.77-79 aus Babelsberg. Auch eine Lok der Baureihe 99.73-76 von 1933 und eine rumänische Diesellok mit Baujahr 1985 sind betriebsbereit.

Der Fahrplan

Die Fichtelbergbahn verkehrt täglich sechs Mal zwischen Cranzahl und Oberwiesenthal. Bei manchen Fahrten wird ein offener Aussichtswagen mitgeführt.

Anschrift:

SDG Sächsische Dampfeisenbahngesellschaft mbH
Fichtelbergbahn
Bahnhofstraße 7
09484 Kurort Oberwiesenthal

Telefon: 03 73 48 / 151-0
Telefax: 03 73 48 / 151-29

E-Mail: fichtelbergbahn@sdg-bahn.de
Internet: www.bvo.de/fichtelbergbahn/

Die Selketalbahn, Wernigerode

Tenderlok 99 5906 beim Wasserfassen in Alexisbad.

Ihren Namen hat die Selketalbahn am östlichen Rand des Harzes von dem Fluss Selke, durch dessen Tal die Strecke teilweise verläuft. Die älteste der Harzer Schmalspurbahnen eröffnete 1887 den ersten Abschnitt. Im Laufe der folgenden Jahre wurde die Strecke von Gernrode, südlich von Quedlinburg, bis Hasselfeld ausgedehnt. Eine Verbindung zur Harzquerbahn entstand 1905 mit dem Bau einer Abzweigung von Stiege nach Eisfelder Talmühle. Nach dem Ende des Zweiten Weltkriegs wurde ein Teil der Schienen und des Rollmaterials in die Sowjetunion verfrachtet. Nach dem Wiederaufbau der Strecke kam es erneut zum regelmäßigen Planverkehr. 2006 erfolgte die Eröffnung der Verlängerung von Gernrode nach Quedlinburg. Auf der Strecke fahren heute Dampfloks aus den Jahren 1913 und 1939.

Der Fahrplan

Mit der Dampflokomotive kann man täglich nach Harzgerode oder Hasselfeld fahren. Öfters kommt der Dieseltriebwagen zum Einsatz. Zwei Mal täglich ist eine Fahrt von Quedlinburg aus nach Eisfelder Talmühle und von dort zum Brocken möglich.

Anschrift:

Harzer Schmalspurbahnen GmbH
Friedrichstraße 151
38855 Wernigerode

E-Mail: info@hsb-wr.de
Internet: www.hsb-wr.de

Die Wutachtal- oder „Sauschwänzlebahn", Blumberg-Zollhaus–Weizen

Der Epfenhofener Viadukt ist 264 Meter lang.

Am südlichen Rand von Baden-Württemberg, nördlich von Schaffhausen, ringelt sich die Wutachtal- oder Sauschwänzlebahn durch die Landschaft. Die Namen erhielt die Bahn einerseits vom Tal der Wutach, in der ein Teil der Strecke verläuft, andererseits durch die kurvenreiche Trassenführung, zu der auch ein Kehrtunnel gehört. Es waren militärische Überlegungen, die in den 1880er Jahren zum Bau der Strecke führten. Bei einem Krieg mit Frankreich wollte man die Truppen möglichst schnell ins südliche Elsass transportieren können, ohne die Schweizer Grenze überschreiten zu müssen. Da sie für die zivile Nutzung zu unrentabel war, wurde die Strecke in den Fünfzigern stillgelegt. Durch ihre außergewöhnliche Streckenführung bietet sie heute Eisenbahnfreunden ein besonderes Erlebnis.

Der Fahrplan

Fahrten mit der Museumsbahn finden von Mai bis Oktober an den Wochenenden, an Feiertagen und einigen Tagen zwischendurch statt. Auf Wunsch können auch Dampf-Sonderzüge gechartert werden.

Anschrift:

Museumsbahn Wutachtal / Sauschwänzlebahn
Bahnhofstraße 1
78176 Blumberg

Telefon: 0 77 02 / 47 76 04
Telefax: 0 77 02 / 47 76 07

E-Mail: info@sauschwaenzlebahn.de
Internet: www.wutachtalbahn.de

Das Öchsle Biberach-Warthausen–Ochsenhausen

Die Dampflok 99 716 stammt ursprünglich aus Sachsen.

Zwischen der oberschwäbischen Kreisstadt Biberach und dem westlich gelegenen Ochsenhausen verläuft in einer großen Schleife eine Schmalspurbahn namens „Öchsle". Der erste Teil der Strecke wurde 1899 von der Königlich Württembergischen Staatseisenbahn eröffnet. Der restliche Teil wurde im folgenden Jahr fertiggestellt. In den fünfziger Jahren verlor die Bahn durch Omnibusse und Autos zunehmend an Bedeutung für den Personenverkehr. Gütertransporte spielten auf der Strecke noch eine Zeit lang eine Rolle, aber 1981 wurde die Stilllegung eingeleitet. Der 1982 gegründete Verein Öchsle Schmalspurbahn e. V. sorgte durch sein Engagement dafür, dass die Strecke für den Betrieb einer Museumsbahn erhalten blieb. Die heutige Betreibergesellschaft ist die Öchsle Bahn Betriebs-GmbH.

Der Fahrplan

Ein regelmäßiger Betrieb findet vom 1. Mai bis zum 31. Oktober statt.
Gefahren wird an jedem Samstag, Sonntag und Feiertag sowie zusätzlich jeden Donnerstag im Juli, August und September.
An den Wochenenden des 1. und 2. Advent finden Fahrten mit besonderem Fahrplan statt.

Anschrift:

Städtisches Verkehrsamt
Ochsenhausen
Marktplatz 1
88416 Ochsenhausen

Telefon: 0 73 52 / 92 20 26
Telefax: 0 73 52 / 92 20 19

E-Mail: info@oechsle-bahn.de
Internet: www.oechsle-bahn.de

Das Alb-Bähnle der Ulmer Eisenbahnfreunde, Amstetten

Nördlich von Ulm, zwischen den Ortschaften Amstetten und Laichingen, eröffnete 1901 die Württembergische Eisenbahn-Gesellschaft (WEG) eine Schmalspurstrecke. Bis in die sechziger Jahre fuhren dort Dampflokomotiven. Dann kam es zum Einsatz von Dieseltriebwagen. Das sinkende Aufkommen im Güterverkehr führte in den achtziger Jahren jedoch zur Stilllegung und zum teilweisen Abbau der Strecke. Durch das Engagement der Ulmer Eisenbahnfreunde konnte der 5,7 Kilometer lange Streckenabschnitt zwischen Amstetten und Oppingen erhalten werden. Seit 1990 verkehren auf der Strecke des Alb-Bähnles wieder Dampfzüge. Zu den Zugmaschinen gehört die Dampflok 99 7203, die 1904 von Borsig gebaut worden war. Aus dem Bestand der DR wurde die Diesellok D 8 übernommen.

Der Fahrplan

Fahrten mit dem Alb-Bähnle finden, sowohl mit Dampf- als auch mit Dieselbetrieb, von Mai bis Dezember statt. Genaue Termine und Uhrzeiten können von den Ulmer Eisenbahnfreunden erfragt werden.

Anschrift:

Ulmer Eisenbahnfreunde e.V.
Sektion Alb-Bähnle
Heinrich Biro
Drosselweg 13
73340 Amstetten

Telefax: 0 73 31 / 79 79

E-Mail: alb-baehnle@uef-dampf.de

Die Meterspur findet man bei Schmalspurbahnen nicht so oft.

Die Härtsfeldbahn, Neresheim

Lok 12 der Härtsfeld-Museumsbahn in Neresheim.

Härtsfeld heißt ein Gebiet im Osten der Schwäbischen Alb zwischen den Städten Aalen, Nördlingen und Neresheim. Die Härtsfeldbahn lief ursprünglich von Aalen aus durch das Härtsfeld nach Neresheim und weiter über Dischingen nach Dillingen in Bayern. Sowohl der Personen- als auch der Güterverkehr wurden 1972 eingestellt. Der Abbau der Gleise folgte. Doch 1985 schlossen sich engagierte Eisenbahnfreunde zum Verein „Härtsfeld-Museumsbahn e.V." zusammen. Im folgenden Jahr eröffneten sie das erste Eisenbahnmuseum in Baden-Württemberg. Schon kurz darauf begann der Wiederaufbau von Gleisanlagen. Ein Bahnhof wurde gekauft sowie eine Dampflok und ein Triebwagen renoviert. Am 1. Mai 2002 konnte der Betrieb der Museumsbahn aufgenommen werden. Die Wiederherstellung von weiteren Streckenabschnitten ist geplant.

Der Fahrplan

Betriebsgelände und Vereinssitz:

Härtsfeld-Museumsbahn e.V.
Vereinssitz und Betriebsgelände
Dischinger Str. 11
73450 Neresheim

Telefon: 0 73 26 / 57 55 (nur während der Arbeitseinsätze besetzt)

Geschäftsstelle:

Härtsfeld-Museumsbahn e.V.
Postfach 91 26
73416 Aalen
Telefon (mobil): 0172/91 17 19 3
Internet: www.hmb-ev.de

Bahn Ebermannstadt–Behringersmühle, Ebermannstadt

Als „Eingangstor zur Fränkischen Schweiz" gilt die nördlich von Erlangen gelegene Stadt Forchheim. Von dort aus führte ab 1891 eine Strecke in das nordöstlich gelegene Ebermannstadt. Der geplante Weiterbau konnte jedoch erst in den zwanziger Jahren fortgeführt werden. 1930 erreichte die Strecke Behringersmühle. Zuerst wegen der Weltwirtschaftskrise und später wegen der abnehmenden Bedeutung der Nebenbahnen ist eine weitere Verlängerung der Strecke unterblieben. Während das Teilstück Forchheim–Ebermannstadt noch von der DB AG genutzt wird, war für die restliche Strecke in den siebziger Jahren der Abbau geplant. Der Verein „Dampfbahn Fränkische Schweiz e.V." engagiert sich seit 1974 für den Betrieb und den Erhalt einer Museumsbahn.

Der Fahrplan

Vom 1. Mai bis 31. Oktober fahren jeden Sonntag und an vielen Feiertagen die historischen Züge auf der Strecke Ebermannstadt–Behringersmühle. Zusätzlich gibt es Sonderfahrten und -veranstaltungen. Ende November und Anfang Dezember werden reservierungspflichtige Sonderfahrten angeboten. Termine und Uhrzeiten gibt es beim Verein „Dampfbahn Fränkische Schweiz e.V."

Dampfbahn Fränkische Schweiz e.V.
Postfach 11 01
91316 Ebermannstadt

Anfragen / Anmeldung zu Sonderfahrten und Platzreservierungen: Walter Sieburg
Telefon: 0 91 94 / 79 45 41
Telefax: 0 91 94 / 79 45 42

E-Mail: dfs-info@dfs.ebermannstadt.de
Internet: www.dfs.ebermannstadt.de

Lok 4, Baujahr 1930, war früher Zechenzug in Aachen.

Das Rhön-Zügle, Fladungen

Lok „Alfred" führt ihren Vier-Wagen-Zug nach Fladungen.

Mit der Absicht, die Rhön an das bayerische Eisenbahnnetz anzuschließen, wurden 1897 die Bauarbeiten für eine Strecke zwischen Mellrichstadt in Unterfranken und dem Ort Fladungen an der Rhön begonnen. Im Dezember des folgenden Jahres konnte die Strecke bereits in Betrieb genommen werden. Da sie dem Lauf des Flusses Streu folgte, wurde sie Streutalbahn genannt. Heute wird der Name Rhön-Zügle verwendet.
Personenverkehr gab es auf der Strecke bis 1976. 1987 fuhr der letzte Güterzug auf der Streutalbahn. Ursprünglich sollten die Gleise abgebaut werden. Im Landkreis Rhön-Grabfeld erkannte man aber das Potenzial der Strecke für den Tourismus, den man in der wirtschaftsschwachen Region ausbauen wollte. Den Vertretern des Landkreises gelang es, die Demontage abzuwenden. 1990 wurde das Fränkische Freilandmuseum Fladungen eröffnet. Ab 1996 begannen die ersten Züge der Museumsbahn zu fahren. Sie zeigt den Interessierten, wie das Reisen in der „guten alten Zeit" war.

Der Fahrplan

Der Verkehr mit dem Rhön-Zügle findet vor allem an Sonntagen, manchmal auch an Samstagen, von Mai bis Oktober statt. Genauere Termine sind beim Fränkischen Freilandmuseum Fladungen erhältlich. Es findet sowohl Dampf- als auch Dieselbetrieb statt.

Anschrift:

Fränkisches Freilandmuseum Fladungen
Bahnhofstraße 19
97650 Fladungen

Telefon: 0 97 78 / 91 23-0
Telefax: 0 97 78 / 91 23-45

E-Mail: info@freilandmuseum-fladungen.de
Internet: www.freilandmuseum-fladungen.de

Museumsbahnen und Eisenbahnmuseen in Deutschland

Die Chiemsee-Bahn, Prien am Chiemsee

Nicht nur König Ludwig II. wusste die Schönheit des Chiemsees zu schätzen. Schon Mitte des neunzehnten Jahrhunderts zog es viele Ausflügler an das „bayerische Meer“. Nach dem Tod des Märchenkönigs und der Freigabe von Schloss Herrenchiemsee zur Besichtigung durch den normalen Bürger verstärkte sich der Besucherstrom noch. Für die Chiemsee-Schifffahrt, die nun viele Passagiere auf die Insel zu fahren hatte, war dies ein Segen. Der Weg vom Bahnhof Prien zum See war zwar nicht weit, aber viele Besucher wollten sich lieber fahren lassen. Durch die Pferdefuhrwerke kam es immer wieder zu Unfällen. Diesen Zustand wollte der Unternehmer Ludwig Feßler ändern. Gemeinsam mit dem Münchener Lokbauer Georg Krauss beschloss er den Bau einer Schmalspurbahn vom Bahnhof Prien nach Stock, wo die Schiffe hielten. Für den Betrieb der Schmalspurbahn wurde das Unternehmen „Chiemsee-Bahn Feßler & Comp., Prien“ gegründet. Nur 70 Tage beanspruchte der Streckenbau. Die offizielle Eröffnung erfolgte am 10. Juli 1887. Die nur 1,9 Kilometer lange Strecke genoss eine große Beliebtheit unter den Ausflüglern. Dies änderte sich jedoch in den fünfziger und sechziger Jahren aufgrund der zunehmenden Anreise mit Bussen und Pkw. Die 1887 bei Krauss erworbene Dampflokomotive wird nach einer Renovierung heute noch eingesetzt. Eine Diesellok mit Baujahr 1962 gesellte sich 1982 zum Fuhrpark der Bahn. Man glich sie äußerlich der Dampflok an, damit sie besser zum restlichen rollenden Material passte.

Der Fahrplan

Die Saison beginnt für die Chiemsee-Bahn am 1. Mai. Der Zug verkehrt an Samstagen, Sonn- und Feiertagen neun Mal zwischen Prien/Bahnhof und Stock/Hafen.

Anschrift:

Chiemsee-Schifffahrt
Seestraße 108
83209 Prien am Chiemsee

Telefon: 0 80 51 / 60 9-0
und 0 80 51 / 62 94 3

E-Mail: info@chiemsee-schifffahrt.de
Internet:
www.chiemsee-schifffahrt.de/de/main/chiemseebahn.htm

Deutsches Technikmuseum, Berlin

Die Dampflok „Beuth" stammt von der Berliner Firma Borsig.

Auf einer Ausstellungsfläche von 25.000 Quadratmetern kann man in 14 Abteilungen eine Zeitreise durch die technische Entwicklung miterleben. Zu den Dauerausstellungen gehören die Bereiche Energietechnik, Luft- und Raumfahrt, Schifffahrt, Straßenverkehr, Kommunalverkehr und andere technische Themen. Bei Eisenbahnfreunden ist besonders die Abteilung Schienenverkehr beliebt. Bereits der Standort der Eisenbahnabteilung, nämlich zwei Lokschuppen des 1874 erbauten Betriebswerks des Anhalter Bahnhofs, sind von historischer Bedeutung. Zu den Exponaten gehören unter anderem ein Drehschemelwagen von circa 1800, eine Borsig-Lok von 1842, eine T 3 von 1901 und ein Salonwagen Wilhelms II. von 1914. Im anderen Lokschuppen werden Lokomotiven und Wagen von 1914 bis 1980 gezeigt. Freunde von Modelleisenbahnen können sich am Miniaturnachbau des Anhalter Bahnhofs, des Güterbahnhofs, des Betriebswerks sowie der umliegenden Gebäude erfreuen.

Deutsches Technikmuseum
Trebbiner Straße 9
10963 Berlin-Kreuzberg

Telefon: 0 30 / 90 25 4-0
Telefax: 0 30 / 90 254-175

Internet: www.sdtb.de/technikmuseum.3.0.html

Öffnungszeiten:
Dienstag bis Freitag: 9.00–17.30 Uhr
Samstag / Sonntag: 10.00–18.00 Uhr
Montag ist Ruhetag

Deutsches Museum, München

Dies ist ein Nachbau des berühmten „Puffing Billy" von 1813.

Das Verkehrszentrum des Deutschen Museums ist für Eisenbahnfreunde besonders interessant. Es wurde 2003 auf das ehemalige Messegelände auf der Theresienhöhe ausgelagert. Dort kann der InterCityExperimental ebenso bestaunt werden wie die erste Elektrolok von 1879. Die erste gebrauchsfähige Dampflokomotive ist in der Halle 3 als Replikat zu sehen. Sie hieß „Puffing Billy" und wurde 1813 von William Hedley gebaut. In der Halle 2 steht die erste Lok der Münchener Lokomotivenfabrik Krauss & Companie, die „Landwürden". Sie war 1867 für die Großherzoglich Oldenburgische Staatsbahn hergestellt worden. Im Bereich der Triebwagen können Fahrzeuge der Münchener U- und S-Bahnen, der S-Bahn Berlin, der Straßenbahnen von München und Nürnberg sowie ein „Verbandwagen" der Rheinischen Bahngesellschaft begutachtet werden. Zur Wagen-Sammlung des Museums zählen Speisewagen, Salonwagen, Güterwagen sowie Post- und Packwagen.

Deutsches Museum
Verkehrszentrum
Theresienhöhe 14a
80339 München

Telefon: 0 89 / 50 08 06 76 2
Telefax: 0 89 / 50 08 06 50 1

E-Mail: verkehrszentrum@deutsches-museum.de
Internet: www.deutsches-museum.de

Öffnungszeiten:
täglich von 9.00–17.00 Uhr
An Vortragsabenden bleibt Halle III bis 20.00 Uhr geöffnet.

Geschlossen:
am 1. Januar, Faschingsdienstag, Karfreitag, 1. Mai, Allerheiligen sowie am 24., 25. und 31. Dezember.

Eisenbahnmuseum, Bochum-Dahlhausen

Das Eisenbahnmuseum ist im ehemaligen Betriebswerk.

Auf dem Gelände des 1969 stillgelegten Bahnbetriebswerks in Bochum-Dahlhausen befindet sich das Museum, das 1977 von der Deutschen Gesellschaft für Eisenbahngeschichte e.V. gegründet wurde. Mit einer Sammlung von 180 Schienenfahrzeugen und einer Ausstellungsfläche von 46.000 Quadratmetern gehört das Eisenbahnmuseum Bochum-Dahlhausen zu den größten seiner Art in Deutschland. Aber nicht nur rollendes Material, sondern auch Objekte der Signaltechnik, Fahrkartendrucker und andere im Eisenbahnbetrieb früher verwendete Gegenstände können besichtigt werden. Anhand der Exponate können die Besucher die Entwicklungsgeschichte der Eisenbahn in Deutschland von 1853 bis in die Gegenwart hinein nachvollziehen.

Öffnungszeiten:
vom 1. März bis 18. November
Dienstag bis Freitag von 10.00–17.00 Uhr
Sonntag und Feiertag von 10.00–17.00 Uhr
Kassenschluss ist 16.00 Uhr

Infos über Öffnungszeiten des Museums und Veranstaltungen: täglich unter 02 34 / 49 25 16 (automatisches Ansageband rund um die Uhr) oder Servicenummer:
0 18 05 / 34 73 62 (0,14 Euro pro Min. oder 0,20 Euro pro Anruf) Mobilfunk (0,42 Euro pro Min. oder 0,60 Euro pro Anruf)
Montag bis Donnerstag 14.00–18.00 Uhr

DGEG Eisenbahnmuseum Bochum-Dahlhausen
Dr.-C.-Otto-Straße 191
44879 Bochum

Telefon: 02 34 / 49 25 16
Telefax: 02 34 / 94 42 87 30

E-Mail: info@eisenbahnmuseum-bochum.de
Internet: www.eisenbahnmuseum-bochum.de

Eisenbahnmuseum, Neustadt an der Weinstraße

In Neustadt ist ein lebendiges Museum mit Dampflokfahrten.

Das Eisenbahnmuseum in Neustadt an der Weinstraße ist neben dem Eisenbahnmuseum Bochum-Dahlhausen das zweite Museum der Deutschen Gesellschaft für Eisenbahngeschichte e.V. Es befindet sich in einem passenden Ambiente, nämlich in dem Mitte des neunzehnten Jahrhunderts errichteten Lokschuppen der Pfalzbahn. 40 Eisenbahnfahrzeuge aus der Regionalgeschichte und Reichsbahnzeit sind in dem Museum zu sehen. Im Obergeschoss des Gebäudes befindet sich auf einer Fläche von 133 Quadratmetern eine Modellbahnanlage in der Nenngröße 1. Viel Zuspruch, vor allem bei Kindern, findet die LGB-Gartenbahn. Wer eine richtige Fahrt mit einer historischen Bahn miterleben möchte, kann das Kuckucksbähnel besteigen und von Neustadt nach Elmstein fahren.

Öffnungszeiten:
Dienstag bis Freitag: 10.00–13.00 Uhr
Samstag, Sonn- und Feiertage: 10.00–16.00 Uhr
1. Januar und 25. Dezember sind geschlossen

Postanschrift:
Eisenbahnmuseum Neustadt/Weinstraße
Postfach 10 03 18
67403 Neustadt

Hausanschrift:
Eisenbahnmuseum Neustadt/Weinstraße
Schillerstraße 3
67434 Neustadt an der Weinstraße

Service Telefonnummer: 0 63 21 / 30 39 0 (Museum und Kuckucksbähnel)
Dienstag bis Freitag von 9.00–13.00 Uhr
Telefax: 0 63 21 / 39 81 62

E-Mail: info@eisenbahnmuseum-neustadt.de
Internet: www.eisenbahnmuseum-neustadt.de

Eisenbahnmuseum, Darmstadt-Kranichstein

In Darmstadt steht auch eine der bekannten E 94.

In dem ehemals zur Vereinigten Königlich Preußischen und Großherzoglich Hessischen Staatseisenbahn gehörenden Bahnbetriebswerk befindet sich seit 1976 das Eisenbahnmuseum Darmstadt-Kranichstein. Es wird maßgeblich von dem Freundes- und Förderkreis des Eisenbahnmuseums Darmstadt-Kranichstein e.V. unterstützt und weiter ausgebaut. Die Stiftung Bahnwelt Darmstadt-Kranichstein leistet ebenfalls Unterstützung bei dem Erhalt der Exponate. Im Bereich der Dampflokomotiven sind im Museum Exemplare von 1887 bis 1954 zu sehen. Die Diesellokomotiven stammen aus der Zeit zwischen 1934 und 1962. Außerdem sind Elektrolokomotiven und Triebwagen ab dem Baujahr 1927 zu sehen. Mehrfach im Jahr finden Sonderfahrten mit Fahrzeugen des Museums sogar im Taktbetrieb statt, wobei die Deutsche Museums-Eisenbahn GmbH als Betriebsgesellschaft auftritt.

Öffnungszeiten:
Sonntags und an Feiertagen von 10.00–16.00 Uhr
Mittwoch von 10.00 – 16.00 Uhr (April bis September)

Fahrten mit dem historischen Zug im Stundentakt von 10.00–17.00 Uhr außer 13.00 Uhr
Von April bis Dezember finden zahlreiche Sonderveranstaltungen statt.
An Weihnachten und einzelnen anderen Tagen bleibt das Museum geschlossen.

Anschrift:

Deutsche Museums-Eisenbahn GmbH
Steinstraße 7
64291 Darmstadt

E-Mail: info@museumsbahn.de
Internet: www.museumsbahn.de

Süddeutsches Eisenbahnmuseum, Heilbronn

Eindrucksvolle Dampfloklegenden grüßen den Besucher.

Das Süddeutsche Eisenbahnmuseum Heilbronn befindet sich in einem ehemaligen Bahnbetriebswerk im Heilbronner Stadtteil Böckingen. Als Träger fungiert seit 1998 der Verein „SEH – Süddeutsches Eisenbahnmuseum Heilbronn e.V.". Ziel des Vereins ist der Erhalt geschichtlich wertvoller Eisenbahnfahrzeuge sowie von Gebäuden und Infrastruktur, die mit dem historischen Eisenbahnbetrieb zusammenhängen. Der Allgemeinheit soll durch den Betrieb des Museums und der Vorführung von Fahrzeugen die Geschichte der Eisenbahn nahegebracht werden. Zahlreiche Dampf- und Diesellokomotiven sowie zwei Elektrolokomotiven und ein Triebwagen können in dem Museum bestaunt werden. Die älteste Lokomotive ist eine preußische T 9[1] von 1895. Eine Einheitselektrolok der Baureihe 150 (früher E 50) mit Baujahr 1972 ist das jüngste Exponat.

Öffnungszeiten in der Saison:
von Anfang März bis Ende Oktober
Samstag, Sonntag und Feiertag
von 10.00 bis 18.00 Uhr

An mehreren Terminen im Jahr finden Sonderveranstaltungen statt.

Anschrift:

Süddeutsches Eisenbahnmuseum Heilbronn
Leonhardstraße 15
74080 Heilbronn

Telefon: 0 71 31 / 3 90 74 34

E-Mail: museum@eisenbahnmuseum-heilbronn.de
Internet: www.eisenbahnmuseum-heilbronn.de

Museumsbahnen und Eisenbahnmuseen in Deutschland

Deutsches Dampflokomotiv-Museum, Neuenmarkt (Oberfranken)

Im ehemaligen Bahnbetriebswerk der oberfränkischen Gemeinde Neuenmarkt befindet sich das Deutsche Dampflokomotiv-Museum, das zu den bedeutendsten seiner Art in Deutschland zählt. Das Museum beschränkt sich jedoch nicht auf Dampflokomotiven. Auch Anhänger von dieselgetriebenen Schienenfahrzeugen können interessante Exemplare finden. Ein Förderverein unterstützt das Museum beim Erhalten und Restaurieren von Lokomotiven sowohl finanziell als auch durch den freiwilligen Einsatz der Mitglieder.
Das Kernstück bildet ein 15-ständiger Lockschuppen mit der dazugehörigen Drehscheibe. Über 30 Dampf- und über 20 Diesellokomotiven können im Museum bestaunt werden. Für Modellbahnfreunde gibt es eine interessante Anlage, die sich über eine Fläche von 42 Quadratmetern ausdehnt.

Öffnungszeiten:
Sommermonate (16.03. – 01.11.):
Dienstag bis Sonntag 10.00 – 17.00 Uhr

Wintermonate (02.11. – 15.03.):
Dienstag bis Sonntag 10.00 – 15.00 Uhr

in den bayerischen Herbst- und Weihnachtsferien
gelten die Öffnungszeiten der Sommermonate.

Montags ist geschlossen, ebenso am 24./25. und 31.12., am 01.01. und Faschingsdienstag.

Deutsches Dampflokomotiv-Museum Neuenmarkt
Birkenstraße 5 – 95339 Neuenmarkt

Telefon: 0 92 27 / 57 00 – Telefax: 0 92 27 / 57 03
E-Mail: ddm@dampflokmuseum.de
Internet: www.dampflokmuseum.de

Bahnhofsatmosphäre wie zur guten alten Zeit.

Bayerisches Eisenbahnmuseum, Nördlingen

In Nördlingen kann man eine Vielzahl wertvoller Loks bestaunen.

Mit den mehr als 100 Originalfahrzeugen ist das Bayerische Eisenbahnmuseum e.V. in Nördlingen das größte private Museum dieser Art im Freistaat. Es wurde 1985 auf dem stillgelegten Bahnbetriebswerk Nördlingen gegründet. Die Vereinsmitglieder, die sich für den Betrieb und den Unterhalt des Museums engagieren, richteten das Bahnbetriebswerk unter Aufwendung zahlloser Arbeitsstunden wieder ein, verlegten Gleise neu, schlossen einige Lokschuppenstände wieder an die Drehscheibe an, installierten zwei Wasserkräne und nahmen eine Bekohlungsanlage wieder in Betrieb.
Zahlreiche Schmankerl für Eisenbahnfreunde lassen sich unter den Dampflokomotiven, die im Bayerischen Eisenbahnmuseum zu sehen sind, finden. Dazu gehört zum Beispiel die LAG 7 „Füssen“, die 1889 von Krauss & Cie für die Lokalbahn Aktien-Gesellschaft (LAG) in München gebaut wurde. Auf zwei Strecken betreibt das Museum Fahrten mit Museumszügen. Eine der Strecken führt von Nördlingen über Oettingen nach Gunzenhausen. Die andere geht über Dinkelsbühl nach Feuchtwangen.

Öffnungszeiten (März–Oktober):
Samstag: 12.00–16.00 Uhr
Sonn- und Feiertage: 10.00–17.00 Uhr

Termine für Fahrten mit der Museumsbahn, Gruppenführungen sowie individuell organisierte Events, Familien- oder Firmen-Feiern sind auf Anfrage erhältlich.

Postadresse:
Bayerisches Eisenbahnmuseum e.V.
Postfach 1316 – 86713 Nördlingen

Museumsadresse:
Bayerisches Eisenbahnmuseum e.V.
Am hohen Weg 6a – 86720 Nördlingen

Infotelefon tagsüber: 0 90 83 / 3 40 – Fax: 0 90 83 / 3 88
E-Mail: info@bayerisches-eisenbahnmuseum.de
Internet: www.bayerisches-eisenbahnmuseum.de

Dampflokwerk, Meiningen

Hier werden alte Dampflokomotiven restauriert, repariert oder umgebaut.

Die thüringische Stadt Meiningen besitzt das Privileg, Sitz des letzten Instandhaltungswerks für Dampflokomotiven in Westeuropa zu sein. Das Dampflokwerk gehört heute zur DB Fahrzeuginstandhaltung GmbH, einem Tochterunternehmen der Deutschen Bahn AG. Es bietet Instandhaltungsarbeiten für historische Fahrzeuge und Wagen an. Dazu gehören die Fertigung und Vorhaltung von Ersatzteilen, die Kesselneufertigung und -instandsetzung, die Neubereifung von Radsatzgruppen, die Radlastverwiegung und Einstellarbeiten, der Umbau von Bremsen sowie die Sanierung von Drehgestellen. Zum Kundenkreis zählen deshalb Eisenbahnmuseen und Museumsbahnen in ganz Europa.

Die jährlichen Dampfloktage in Meiningen locken Tausende von Besuchern an. Für kurze Zeit wird die kleine thüringische Stadt zum Mekka von Eisenbahnfreunden, die nicht nur aus Deutschland, sondern auch aus Österreich, der Schweiz, Frankreich, Spanien, den Benelux-Staaten, Großbritannien und anderen europäischen Ländern kommen. Die Anreise der Besucher geschieht oft mit Sonderzügen. Verbunden mit den Dampfloktagen sind Werksführungen und Veranstaltungen, bei denen Lokomotiven ausgestellt und Fahrten durchgeführt werden. Mitveranstalter ist der Meininger Dampflok Verein e.V.

Das Werk kann auf eine lange Geschichte zurückblicken. 1863 ließ die Werra-Eisenbahn-Gesellschaft, deren Sitz in Meiningen war, eine Lokwerkstatt erbauen. Diese wurde nach der Übernahme durch die Preußischen Staatseisenbahnen als eine Hauptwerkstätte eingestuft. Eine Erweiterung war aus Platzgründen nicht möglich, weshalb 1910 mit dem Bau eines neuen Werks am heutigen Standort begonnen wurde. Es konnte vier Jahre später eingeweiht werden. Nach der Gründung der Deutschen Reichsbahn-Gesellschaft erfolgte 1924 die Umbenennung in Reichsbahnausbesserungswerk (RAW). In den sechziger Jahren begann der Umbau auf Ölfeuerung bei Dampflokomotiven und die Aufarbeitung von Dieselloks. Mit dem schwindenden Einsatz der Dampftraktion verlor aber das Werk an Bedeutung.

Für Privatbahnen, Museumsbahnen und Eisenbahnvereine ist es jedoch ein wichtiger Dienstleistungspartner. 2007 wurde in Meiningen der Nachbau des „Adler“, der bei einem Brand im Depot des Verkehrsmuseums Nürnberg stark beschädigt worden war, wieder hergestellt.

„Saxonia“, die erste in Deutschland gebaute Lok in einem Replikat macht sich auf den Weg.

Werksführungen:
Jeden ersten und dritten Samstag im Monat um 10.00 Uhr werden Führungen durch das Werk angeboten. Eine Führung dauert ungefähr eineinhalb Stunden. Anmeldungen sind nicht notwendig.
Bei den Führungen sind unter anderem die Lokhalle mit den im Werk befindlichen Lokomotiven und Waggons, das Anheizhaus sowie die Kesselschmiede zu besichtigen.

Anschrift:
Deutsche Bahn AG
DB Fahrzeuginstandhaltung GmbH
Dampflokwerk Meiningen
Am Flutgraben 2 – 98617 Meiningen

Tel.: 0 36 93/85 16 02; Fax: 0 36 93/85 16 03
E-Mail: mail@dampflokwerk.de
Internet: www.dampflokwerk.de

Museumsbahnen und Eisenbahnmuseen in Deutschland

DB-Museum Nürnberg

Nürnberg ist die Stadt, die 1835 mit der Fahrt des „Adler“ Eisenbahngeschichte schrieb und sie kann auch das älteste Eisenbahnmuseum Deutschlands vorweisen. Der Vorläufer des heutigen DB Museums hieß noch „Königlich Bayerisches Eisenbahnmuseum“. Die Tore für Besucher öffneten sich zum ersten Mal 1899. Drei Jahre später erfolgte die Eröffnung einer neuen Abteilung für Post und Telegrafie. Der neue Name des Museums lautete nun „Königlich Bayerisches Verkehrsmuseum“. Beide Museumsabteilungen unterstanden zwar unterschiedlichen Behörden, blieben aber weiterhin unter einem Dach, als 1925 der Umzug in den bis heute noch bestehenden Bau erfolgte. Ein besonderes Ausstellungsstück bekam das Museum 1935 mit der Fertigstellung eines Nachbaus des „Adler“. Der Zweite Weltkrieg brachte für das Museum zuerst die Schließung und dann schwere Schäden durch Luftangriffe. Erst in den sechziger Jahren konnte es wieder eröffnet werden. Die Eisenbahnabteilung unterstand nun der DB. 1995 wurde aus der Abteilung für Post und Telegrafie das „Museum für Kommunikation“. Im folgenden Jahr übernahm die DB AG die Eisenbahnabteilung als Firmenmuseum mit der Bezeichnung „DB Museum“. 2001 erfolgte die Eröffnung eines Tochtermuseums in Koblenz und zwei Jahre später wurde eine Zweigstelle des DB Museums in Halle an der Saale eröffnet.

In dem DB Museum sind heute in zwei Hallen 160 Fahrzeuge aufbewahrt. Es handelt sich dabei teilweise um Meilensteine der Technikgeschichte der deutschen Eisenbahn. Die älteste erhaltene Lokomotive Deutschlands ist ebenso zu sehen wie der Salonwagen des Märchenkönigs Ludwig II. Wer sich für die neuere Technik interessiert, kann ein Modell eines ICE-3 in Originalgröße oder einen TEE-Triebwagen anschauen. Übergroße Objekte, wie zum Beispiel Stellwerke, haben auf dem Freigelände einen Platz gefunden. Auch eine Modellbahn ist zu bestaunen.

Der Salonwagen Ludwigs II. gehört zu den prächtigsten Ausstellungsstücken der Nürnberger.

Die preußische T 18 in Reichsbahnlackierung.

Öffnungszeiten:
Dienstag bis Freitag 9.00 – 17.00 Uhr
Samstag, Sonn- u. Feiertage: 10.00 – 18.00 Uhr
Während der Spielwarenmesse und im Advent ist auch montags geöffnet.
Geschlossen ist am Karfreitag, 1. Mai, 24., 25. und 31. Dezember sowie 1. Januar.
Bibliothek am Wochenende geschlossen.
Das Freigelände ist vom 1. November bis zum 31. März nur bis um 16.00 Uhr geöffnet. Bei Eis und Schnee bleibt es aus Sicherheitsgründen geschlossen.

DB Mobility Logistics AG – DB Museum
Lessingstraße 6 – 90443 Nürnberg
Tel.: 0180 / 4 442 233 – Fax: 0911/219 121
E-Mail: info@db-Museum.de
Internet:
www.deutschebahn.com/site/dbmuseum/de/start.html

DB Museum Koblenz

Die E 69 verkehrte früher zwischen Murnau und Oberammergau in Oberbayern.

Seit 2001 besitzt das DB Museum einen Außenstandort im ehemaligen Güterwagenausbesserungswerk in Koblenz. Die Zweigstelle geht auf die Initiative der „BSW-Freizeitgruppe zur Erhaltung historischer Eisenbahnfahrzeuge Koblenz“ zurück. Aktive und pensionierte Eisenbahner sowie Eisenbahnfreunde hatten sich 1989 zusammengefunden, um sich für den Erhalt historisch bedeutsamer Eisenbahnfahrzeuge zu engagieren. 1990 konnte die Gruppe in das heutige Museumsgebäude ziehen, was den Vorteil hatte, dass die Fahrzeuge vor der Witterung geschützt restauriert und untergestellt werden konnten. Im Laufe der Zeit entwickelte sich eine Zusammenarbeit mit dem DB Museum in Nürnberg, die schließlich zur Eröffnung der Koblenzer Sammlung als Außenstelle des offiziellen DB Museums führte.

Mehr als 20 Lokomotiven und Wagen sind in dem DB Museum Koblenz zu sehen. Zu den ältesten Exponaten gehört eine Dampflokomotive aus der Maschinenfabrik Christian Hagans in Erfurt mit Baujahr 1881. Der Schwerpunkt der Ausstellung liegt jedoch auf der elektrischen Zugförderung und dem Reisen mit der Bahn. Unter den Elektrolokomotiven findet man ein Exemplar der Baureihe E 60, die ab 1927 produziert wurde. Aus den dreißiger Jahren stammt eine E 16. Von der Baureihe 103, die ab den siebziger Jahren im schnellen Reiseverkehr Verwendung gefunden hatte und eine Plangeschwindigkeit von 200 km/h erreichen konnte, sind zwei Lokomotiven vorhanden. Bei den Wagen kann man einen der „Silberlinge“, die durch ihren polierten Edelstahl auf sich aufmerksam machen, bewundern.

Zusätzlich zu den Originalfahrzeugen können Besucher eine Modellbahn in Modulbauweise mit einer zweigleisigen, nichtelektrifizierten Hauptstrecke sehen. Neben der H0-Bahn wird auch an einer Gartenbahn mit einer Fläche von 110 Quadratmetern gearbeitet.

Im Laufe des Jahres finden im DB Museum Koblenz immer wieder Sonderveranstaltungen statt. Den Besuchern wird dadurch auf mehrfache Weise der Eisenbahnbetrieb zum Erlebnis gemacht.

In langweiligem Rot präsentiert sich die Schnellzuglok 103.

Öffnungszeiten:

An jedem Samstag von 10.00 bis 16.00 Uhr (Ausnahmen im Januar und Dezember)
An einzelnen Samstagen kann geschlossen sein, falls sie auf Feiertage fallen.
Bei Veranstaltungen gelten besondere Öffnungszeiten.
Nähere Informationen sind beim DB Museum Koblenz erhältlich.

Anschrift:

DB Museum Koblenz
Schönbornsluster Str. 3
56070 Koblenz

Telefon: 02 61 / 396-13 39
Telefax: 02 61 / 396-13 40

Internet: www.dbmuseum-koblenz.de

Register

Bildnachweis

Bildseite 2: Die Harzquerbahn: Schmalspurdampflok 99 222 am Thumkuhlenkopf, Foto: Peter Steinmetzger

Bildseite 6/7: Hauptbahnhof Dresden bei Nacht, Foto: Sandro Götze, Fotolia

Inhaltseiten 4 bis 221:
R. und T. Albrecht/Schwarzatalbahn.de: 208 r; Architekturmuseum in der Universitätsbibliothek/Technische Universität Berlin-Pressebild: 13 o, 45 o; Mario Baessler/Panoramio: 196; Bahnmeisterei/Flickr: 139 u; Bayrisches Eisenbahnmuseum-Pressebild: 85 o, 110 u, 126 o, 218 o; bdyg homepage t-online.de: 110 o; Berliner Zeitung: 189 o, 189 u; Bildarchiv Eisenbahnstiftung: 117, 120 u, 138 u, 141 u; Jan Borchers/Bahnfotokiste.de: 86 u; br601.de: 31 u; W. und H. Brutzer/Flickr: 33 or, 166 o, 170 o, 170 u; Ulrich Budde/Bundesbahnzeit.de: 105 o, 114 o; Jean Pierre C/Picasaweb: 125; Chuber22/Flickr: 213 r; CKLX/Flickr: 190 o; Creative Commons-Lizenz, 24 o: Appaloosa; 197 mor, 214: Berti66; 160 u: BigBug21; 169: Matthew Black; 59 o: Chriusha; 83 u: Corradox; 129 u: Dennistd; 147 o: Dergenaue; 143 m, 143 u: Deutsche Fotothek - Fotograf Renate und Roger Rössing; 5 ol, 19 ml, 19 mr, 27 ml, 26 ol, 32 m, 97 u, 111 o, 122 u: Deutsches Bundesarchiv; 122 o: Doco; 72 u: Martin Dürrschnabel; 144: R. Engelhardt; 29 ur: Thomas Feldmann; 184: Manfred E. Fritsche; 15 o, 37 m, 100 u: GEME; 9 omr, 12 o, 14 u, 43 ml, 44, 156, 167 o, 195: Magnus Gertkemper; 147 u: Gryffindor; 31 or, 106 u, 128 u, 148 u, 153: Michael Heimerl; 78 u: Hullbr3ach; 194 o: Jochen Jansen; 5 or, 39 o, 182 u: Kaffeeeinsatz; 40 or: Norbert Kaiser; 166 u: LVT 771; 38 o: Günter Mach; 27 mm: MdE; 124/125: Melisande; 37 o, 101, 148 o, 172: Oberau-Online; 192 u: Qualle; 91 o, 91 u: Rufus46; 31 m: Jacek Ruzyczka; 149: Nicolas Scheuer; 133, 217 l: Hans-Peter Scholz; 26 or, 157 u: Jörg Seidel; 163 u: Sludgegulper; 9 ur, 32 u, 185 o, 192 o: Sebastian Terfloth; 128 o: Theslu; 28 u, 128 m, 134 o, 199 l: Wassen; 10 or: Marcin Wichery; 33 ol, 40 u, 41 ur, 146, 176, 186, 190 u: Thomas Wolf; Dampflokwerk.de: 180 o, 219 o, 219 u; Deutsches Dampflokomotiv-Museum Neuenmarkt - Pressebild - Fotograf Reinhard Feldrapp: 21 o, 29 o, 167 u, 218 u; Dreiche/Flickr: 62 o; DVB Bank-Pressebild: 99 u; efa dl news.de: 168 u; Eisenbahndet.de: 173 u; Eisenbahnfreunde-Zollernbahn-Pressebild: 30 o; Bruno Elster/Historisches Ehrenfeld.de: 111 u; Esys.org: 158; Chris F./Panoramio: 139 o; Irene Ferebauer/Fotocommunity: 54 o; germansteam.co.uk: 123 m; Glockenstadtapolda.de: 54 u; GNU Free Document License, 204 l: AF666; 92 u: Baier; 13 u: Thorsten Bätge; 141 o, 143 o, 177 o: Benedictus; 181 o, 181 u: BigBug; 98: Borsi112; 93: Arne Brosum; 197 mol, 208 l: Castor; 27 r: Reinhard Dietrich; 24 m, 154 o: Benedikt Dohmen; 207 l, 207 r: Rolf-Dresden; 74 u: dWizard; 121 u: Eisenbahn Bildarchiv Schrödter; 123 u: Fritz Ferstl; 160 o: Fuerjari; 28 m: FritzG; 5 om, 27 ol: Sam Gamdschie; 168 o: David Gubler/Bahnbilder.ch; 157 o: Hanson59; 23 u, 36 o, 46, 151, 152, 161, 221 u: Jürgen Heegmann; 175, 185 u, 188 u: Christof Hofbauer/Bahnbilder.ch; 159 o, 173 o: Klaus Jähne; 171: Jakfei; 210 r: Kassandro; 209 u: Konstantin Krieter; 23 o: Eva Kröcher; 34 m: Tristian Liardon; 36 u, 155 u: LosHawlos; 53 o: Mathias Lutz; 187 o: M H.DE; 75 u: Maire; 4 or, 9 oml, 24 u, 134 u: Marcela; 31 ol, 43 ul, 145 o: Michael F. Mehnert; 37 u: Mirek256; 60 o: Net-Breuer; 126 u: Olaf1541; 212 r: Hannes Ortlieb; 174 u: Pline; 145 u: Prolineserver; 179 o, 187 u: Qualle; 32 o: GeorgR; 25 o, 77 u: Rabensteiner; 16 o, 113 u, 137: Rainerhaufe; 206 l: Andrew P. Read; 210 l: Schlesinger; 40 ol: Richard Schröder; 9 ul, 42 o, 42 u: Daniel Schwen; 183: Sülzauge; 197 mu, 209 o: Tivedshambo; 34 o, 177 u: Marc Voß; 164: YoDaHe; Sandra Götze/Fotolia: 6/7; Gspotswood.com: 135; Eike Hahn/Fotolia: 2; Heimat-Kleve.de: 28 o; Herberts-Eisenbahnbilder.de: 142 u; Arnold van Heyst/Flickr: 140 o; hfi.tu-berlin.de: 127 o; higginbotham.com.au: 10 ul; jhva files wordpress.com: 50 u; Josef Jung, Limburg: 20 u, 22 o, 22 u, 30 u, 33 u, 39 u, 41 o, 41 ul, 55 o, 107 o, 108/109, 178, 193, 211 l, 211 r; Daniel Juracek/Bahnbilder.de: 104 o; Markus Kaiser, www.eisenbahnnostalgie.de: 201 r; Sammlung Karl Kammerlander: 16 m, 43 ur, 45 ul, 45 ur, 55 u, 59 m, 59 u, 68 o, 69 u, 73 o, 73 u, 80 u, 86 o, 92 o, 94 u, 102, 114 u, 116 o, 123 o, 131 u, 154 u, 182 o; KBS478/Flickr: 162 u, 221 o; Georg Köhler/Panoramio: 216 r; Kurbjuhn/Flickr: 60 u; Landesbildstelle/Schule.de: 25 m; lcweb2 loc.gov: 61; Library of Congress: 18 u, 19 o, 76, 78 o; Lokomotive-online.de: 188 o; Muenzauktion.com: 50 m; Musée des Arts et Métiers: 10 ur; MVchief1/Panoramio: 119 u; Mymodelplace wbs.cz: 104 m; Okej.de: 20 m; Peters45002/Flickr: 17 o; public domain, 163 o: S. Bengsch; 88 o: Martin Berger; 18 ol: Peter Buck; 83 o: Sammlung Fludor44; 11 ur: Peter Geymayer; 198: Christoph Grimlowski; 43 o, 99 o: David Gubler; 179 u: Marcel Heinrich; 81 o: Huebi; 48 u: Hufi; 95 o: Eugen Kittel; 56/57: Lichtbildstelle Mainz DB; 19 u, 43 mr, 66 o, 215 r: Mattes; 20 o, 35 u, 67 u, 71, 74 o, 85 u, 88 u, 89 o, 90 u, 95 u, 115, 118 o, 155 o, 191, 215 l, 220 u: MPW57; 9 mu, 14 or, 87, 112 u, 127 u: Rabensteiner; 23 m: Rainerhaufe; 47 o: C. Schulin; 116 u: Heinz Seehagel; 121 o: Wingolf; 204 r: Xocolati; 11 ul, 16 u, 51 o, 52 u, 53 u, 68 u, 79 u, 94 o: Zeno.org; 4 ol, 4 om, 4 ul, 5 u, 10 ol, 11 or, 12 m, 12 u, 14 ol, 15 m, 15 u, 17 ul, 17 ur, 18 or, 21 ul, 21 ur, 22 m, 25 u, 26 u, 34 r, 35 o, 47 u, 48 o, 49 o, 49 u, 50 o, 51 u, 52 o, 55 m, 58 o, 58 u, 62 u, 63 o, 63 u, 64 o, 64 u, 65 o, 65 u, 67 o, 69 o, 70 o, 70 u, 72 o, 75 o, 79 o, 80 o, 81 u, 84 o, 84 u, 90 o, 100 o, 104 u, 105 u, 106 o, 118 u, 120 o, 132 u, 136, 138 o, 165 o, 165 u; Railforum.de: 139 m; Wim de Ranter/Panoramio: 212 l; Christoph S./Pixelio: 159 u; Stephan Schäff/DFS Ebermannstadt.de: 213 l; Schindlerman.de: 89 u; 113 o; Marcus Scholz/Panoramio: 205; Ansgar Schuffenhauer/Flickr: 199 r; Schwabendude/Panoramio: 129 o, 201 l; Seeadler-Ruegen.de: 197 o, 203; Seesturm/Flickr: 206 r; Shongololo.com: 103; Siemens-Pressebild: 4 ur, 66 u, 82, 180 u; Stadtarchiv Genthin: 130 o, 130 u; Stadtarchiv Tettnang: 77 o; Stadttheater Minden-Pressebild: 197 ul, 200; Peter Steinmetzger/Flickr: 112 o, 202 o, 202 u, 209 m; Teubner-Online.de: 162 o; trains-worldexpresses.com: 38 u, 107 u; Trillian/Panoramio: 217 r; usarmygermany.com: 29 ul; Verkehrsclub Deutschland (VCD) Baden-Württemberg-Pressebild: 119 o; Verkehrsfachwirte-Rhein-Ruhr.com: 34 u; Vicprinter/Flickr: 9 o, 11 ol; Voith-Pressebild: 194 u; Vt92.de: 140 u; Wallsound/Panoramio: 216 l; Walterswelt/Panoramio: 150 o, 150 u; Burkhard Wehrmaker/Panoramio: 97 o, 174 o; Worlddisround.com: 197 ur, 220 o; World-railfans.info: 131 o, 132 o; Zwingerpizpalue.de: 80 m.